高职高专公共基础课系列教材

信息技术

主　编　李浩峰　王　茜

副主编　马　鑫　郭　挺

参　编　周　静　刘秀萍　朱冰雪　陈桃琳　杨力麟

西安电子科技大学出版社

内 容 简 介

本书以教育部发布的《高等职业教育专科信息技术课程标准(2021 年版)》为指导，以 Windows 7 操作系统和 Office 2016 软件为基础进行编写，编写时充分考虑了知识结构和学生的学习特点，书中内容注重计算机基础知识的介绍和学生动手能力的培养。

本书共有 7 个模块，每个模块内容通过项目和任务逐步展开。其中模块 1 为计算机基础知识，模块 2 为 Windows 7 操作系统，模块 3 为 Word 2016 文字处理软件，模块 4 为 Excel 2016 电子表格处理软件，模块 5 为 PowerPoint 2016 演示文稿软件，模块 6 为计算机网络基础知识，模块 7 为计算机维护。本书内容通俗易懂、循序渐进，语言精练，图文并茂，操作步骤及方法详细，便于学生掌握相关知识及操作技能。

本书适合作为高职高专计算机应用基础和信息技术课程的教材，也可作为计算机等级考试人员和相关技术人员的参考书。

图书在版编目(CIP)数据

信息技术 / 李浩峰，王茜主编. —西安：西安电子科技大学出版社，2022.9
ISBN 978-7-5606-6632-7

Ⅰ. ①信…　Ⅱ. ①李…　②王…　Ⅲ. ①电子计算机—高等职业教育—教材　Ⅳ. ①TP3

中国版本图书馆 CIP 数据核字(2022)第 157234 号

策　　划　李鹏飞　刘统军
责任编辑　李鹏飞
出版发行　西安电子科技大学出版社(西安市太白南路 2 号)
电　　话　(029)88202421　88201467　　　　邮　编　710071
网　　址　www.xduph.com　　　　　　　　电子邮箱　xdupfxb001@163.com
经　　销　新华书店
印刷单位　陕西日报社
版　　次　2022 年 9 月第 1 版　　2022 年 9 月第 1 次印刷
开　　本　787 毫米×1092 毫米　1/16　印 张　13
字　　数　304 千字
印　　数　1～4000 册
定　　价　39.00 元

ISBN 978-7-5606-6632-7 / TP

XDUP 6934001-1

如有印装问题可调换

前　　言

信息技术课程已经成为高校学生的必修课，它为学生了解信息技术的发展趋势，熟悉计算机操作环境及工作平台，使用常用工具软件处理日常事务和具备必要的信息素养等奠定了良好的基础。

计算机信息技术的不断发展，要求学校对计算机的教育也要不断改革，特别是对高职教育来说，教育理论、教育体系及教育思想都处在不断的探索之中。为促进计算机教学的开展，适应教学实际的需要和培养学生的应用能力，我们编写了本书。

本书以教育部发布的《高等职业教育专科信息技术课程标准(2021 年版)》为指导，以 Windows 7 操作系统和 Office 2016 软件为基础进行编写。本书注重基础性与实用性，突出"能力导向，学生主体"原则，采用项目化课程设计模式，把信息技术知识划分为七大应用模块，即计算机基础知识、Windows 7 操作系统、Word 2016 文字处理软件、Excel 2016 电子表格处理软件、PowerPoint 2016 演示文稿软件、计算机网络基础知识和计算机维护，每个模块内容通过项目和任务逐步展开。本书符合现代高职教育理念，注重学生综合应用能力和团队协作精神的培养，有助于提高学生的应用技能。

本书由多名长期从事计算机基础教育教学和研究的人员编写，融合了"计算机一级等级考试"大纲，力求做到语言精练、内容实用、操作步骤及方法详细，便于教学和读者自学。

全书共有 7 个模块，各模块内容大致如下。

模块 1：计算机基础知识。该模块主要介绍计算机的发展与应用、计算机的硬件与软件系统、计算机中信息的表示与存储等，使读者掌握计算机的基础知识。

模块 2：Windows 7 操作系统。该模块主要介绍 Windows 7 操作系统基础知识、Windows 7 操作系统的工作环境等，使读者掌握 Windows 7 操作系统的基本操作技巧。

模块 3：Word 2016 文字处理软件。该模块主要通过编辑联合发文的公文、编制劳务合同、制作个人简历、制作邀请函、编排长文档等项目，使读者掌握 Word 2016 的基本操作、字符格式的设置、段落格式的设置、图片的插入与设置、表格的使用、图文混排、目录和长文档的制作与编辑等相关知识。

模块 4：Excel 2016 电子表格处理软件。该模块主要通过制作学生信息登记表、制作学生成绩统计表、图书销售数据管理、制作职称结构统计图、销售数据分析等项目，使读者掌握 Excel 2016 的基本操作、数据的输入、工作表格式的设置、公式与函数的使用、筛选和数据分类汇总、图表分析数据和工作表的打印等相关知识。

模块 5：PowerPoint 2016 演示文稿软件。该模块主要通过制作职业生涯规划幻灯片、制作个人求职简历幻灯片等项目，使读者掌握 PowerPoint 2016 的基本操作，为幻灯片添加文字、图片、表格，设置幻灯片的切换动画、动画效果、放映效果等相关知识。

模块 6：计算机网络基础知识。该模块主要介绍计算机网络的组成与分类、Internet 基础知识、网络资源的使用等，使读者了解计算机网络基础知识并能够解决日常生活中遇到的相关网络问题。

模块 7：计算机维护。该模块主要介绍维护计算机硬件与系统、防治计算机病毒等，使读者掌握计算机维护相关知识。

本书由天府新区通用航空职业学院计算机教研室教师共同编写，李浩峰、王茜担任本书主编，马鑫、郭挺担任副主编。其中，模块 1 由王茜、马鑫编写，模块 2 和模块 3 由李浩峰、周静编写，模块 4 由郭挺、刘秀萍编写，模块 5 由郭挺、朱冰雪编写，模块 6 由王茜、马鑫编写，模块 7 由陈桃琳、杨力麟编写。全书由李浩峰、马鑫负责统筹安排和协调。本书在编写过程中得到了学校各方面领导的大力支持，在此一并表示感谢。

教材建设是一项系统工程，需要在实践中不断加以完善及改进。由于编者水平有限，书中难免存在疏漏和不足之处，恳请同行专家和读者批评指正。

编　者

2022 年 6 月

目　　录

模块 1

计算机基础知识

项目 1　了解计算机

任务 1　了解计算机的诞生与发展过程

随着人类社会的发展，计算工具经历了从简单到复杂、从低级到高级的发展过程。如绳结、算筹、算盘、计算尺、手摇机械计算机、电动机械计算机等，它们在不同的历史时期发挥着各自的作用，并成为电子计算机的设计雏形。计算机俗称电脑，英文名为Computer，是一种能高速运算、具有内部存储能力、由程序控制其操作过程及自动进行信息处理的电子设备。目前，计算机已成为人们学习、工作和生活中使用最广泛的工具之一。

1943 年，美国宾夕法尼亚大学电子工程系的教授约翰·莫克利(John Mauchly)和他的研究生埃克特(Eckert)提出的采用电子真空管建造一台通用电子计算机的计划被军方采纳，莫克利和埃克特开始研制 ENIAC(Electronic Numerical Integrator And Calculator，电子数字积分计算机)，并于 1946 年 2 月研制成功。ENIAC 的问世标志着计算机时代的到来，它的出现具有划时代的伟大意义。它被普遍认为是世界上第一台现实意义上的计算机，如图 1.1 所示。

图 1.1　第一台电子计算机 ENIAC

ENIAC 证明了电子真空管技术可以大大提高计算速度，但 ENIAC 本身存在两大缺点：

一是没有存储器;二是用布线板进行控制,电路连线烦琐耗时,在很大程度上抵消了 ENIAC 的计算速度。因此,莫克利和埃克特在不久后开始研制新的机型 EDVAC(Electronic Discrete Variable Automatic Computer,电子离散变量自动计算机)。与此同时,ENIAC 项目组的研究员冯·诺依曼(John Von Neumann)开始研制 EDVAC,即 IAS(Immediate Access Storage,立即存取存储器)计算机。冯·诺依曼归纳了 EDVAC 的原理要点:

(1) 计算机的程序和程序运行所需要的数据以二进制形式存放在计算机的存储器中。

(2) 计算机能自动、连续地执行程序,并能得到预期的结果。

冯·诺依曼原理决定了计算机由输入设备、存储器、运算器、控制器和输出设备 5 个部分组成。

IAS 计算机对 ENIAC 进行了重大改进,成为现代计算机的雏形。今天的计算机的基本结构仍采用冯·诺依曼提出的体系结构,所以冯·诺依曼被人们誉为“现代电子计算机之父”。

根据计算机本身采用的物理元器件的不同,计算机的发展可分为 4 个不同的阶段,如表 1.1 所示。

表 1.1　计算机的发展阶段

计算机的发展阶段	主要电子器件	起止年代	运算速度	数据处理方式	应用领域	内　存	外　存
第一阶段	电子管	1946—1958 年	几千条次/秒	机器语言、汇编语言	军事、科学计算	水银延迟线	卡片、纸带
第二阶段	晶体管	1959—1964 年	几万至几十万条次/秒	高级程序设计语言	工程设计、数据处理	用磁性材料制成的磁芯存储器	磁带
第三阶段	中小规模集成电路	1965—1970 年	几十万至几百万条次/秒	结构化/模块化程序设计、实时处理	工业控制、数据处理	半导体存储器	磁盘、磁带
第四阶段	大规模/超大规模集成电路	1971 年至今	上千万至万亿条次/秒	分时/实时数据处理、计算机网络	工业、生活等各个方面	半导体存储器	光盘、U 盘等

我国从 1956 年开始研制计算机,1958 年第一台电子管计算机研制成功,从而填补了我国在计算机技术领域的空白,为我国计算机技术的发展打下了基础。1964 年,我国成功地研制出了晶体管计算机。1971 年,我国研制了以集成电路为主要元件的 DSJ 系列计算机,在微型计算机方面取得了迅速发展。2001 年,我国研制成功第一款通用 CPU 芯片——“龙芯”。

任务 2　认识计算机的特点、应用和分类

1. 计算机的主要特点

计算机具有以下特点:

(1) 高速、精确的运算能力。

(2) 准确的逻辑判断能力。计算机能够进行逻辑处理，能模拟人类的大脑，对问题进行思考、判断。

(3) 强大的存储能力。计算机能存储大量的数字、文字、图像、视频、声音等信息，并且可以"长久"保存。

(4) 自动化程度高。计算机可以将预先编好的一组指令(称为程序)先"记"下来，然后自动逐条取出这些指令并执行，工作过程完全自动化，且可以反复进行。

(5) 强大的网络通信功能。在因特网(Internet)上的所有计算机用户可共享网上资料、交流信息、互相学习。

2. 计算机的应用领域

计算机问世之初，主要用于数值计算，"计算机"因此而得名。计算机的应用主要分为数值计算和非数值计算两大类。信息处理、计算机辅助计算、计算机辅助教学、过程控制等，均属于非数值计算，其应用领域远远大于数值计算。

计算机的主要应用领域如下：

1) 科学计算(数值计算)

科学计算也称数值计算，是计算机最早的应用领域。在科学研究和科学实践中，以前无法用人工解决的大量复杂的数值计算问题，现在用计算机可快速、准确地解决。计算机计算能力的提高推进了许多科学研究的发展，如著名的人类基因序列分析、人造卫星的轨道测算、通过计算大量历史气象数据而进行的天气预测等。

2) 信息处理(数据处理)

信息处理也称为非数值计算，是指对大量数据进行加工处理，如收集、存储、传送、分类、检测、排序、统计和输出，再筛选出有用的信息。这些数据不但可以被存储、输出，还可以进行编辑、复制等操作。

3) 过程控制

过程控制又称实时控制，是指用计算机实时采集控制对象的数据，分析处理后，按系统要求对控制对象进行自动调节或自动控制。

过程控制广泛应用于各种工业环境中，其具有以下优点：第一，能够替代人在危险、有害的环境中作业；第二，能在保证同样质量的前提下连续作业，不受疾病、情感等因素的影响；第三，能够完成人所不能完成的有高精度、高速度、时间性、空间性等要求的操作。

4) 计算机辅助

计算机辅助(或称计算机辅助工程)是计算机应用的一个非常广泛的领域，几乎所有由人进行的具有设计性质的过程都可以让计算机帮助实现部分或全部工作。计算机辅助主要有计算机辅助设计(Computer Aided Design,CAD)、计算机辅助制造(Computer Aided Manufacturing,CAM)、计算机辅助教学(Computer Aided Instruction，CAI)、计算机辅助测试(Computer Aided Testing，CAT)等。

5) 网络通信

网络通信是将计算机技术和数字通信技术相结合而产生的，可实现资源共享和信息交流。

6) 人工智能

人工智能是指通过设计具有智能的计算机系统，让计算机具有只有人类才具有的智能特性，如识别图形、声音，具有学习、推理能力，能够适应环境等。机器人是计算机在人工智能领域的典型应用。

7) 多媒体应用

多媒体是指包括文本、图形、图像、音频、视频、动画等多种信息类型的综合体。多媒体技术是指人和计算机交互进行上述多种媒介信息的捕捉、传输、转换、编辑、存储、管理。

8) 嵌入式系统

并非所有的计算机都是通用的，有许多特殊的计算机用于不同的设备中。大量的消费电子产品和工业制造系统都是把处理器芯片嵌入其中，完成特定的处理任务，如数码相机、手机、汽车以及高档电动玩具等都用了不同功能的处理器，这些系统称为嵌入式系统。

9) 家庭生活

越来越多的人认识到计算机是一个能干的助手，计算机通过各种各样的软件可以从不同的方面为家庭生活提供服务，如家庭理财、家庭教育、家庭娱乐、家庭信息管理等。

3. 计算机的分类

依照不同的标准，计算机有多种分类方法，常见的分类方法有以下两种。

1) 按使用范围分类

按使用范围的大小，计算机可分为专用计算机和通用计算机。

(1) 专用计算机：专门为某种需求而研制的，不能用作其他用途。专用计算机的特点是效率高、精度高、速度快。

(2) 通用计算机：广泛适用于一般科学运算、工程设计和数据处理等，具有功能多、配置全、用途广、通用性强的特点。市场上销售的计算机多属于通用计算机。

2) 按性能分类

按性能(如字长、存储容量、运算速度、外部设备、允许同时使用一台计算机的用户数量和价格高低)的不同，计算机可分为超级计算机、大型计算机、小型计算机、微型计算机等。

(1) 超级计算机：又称巨型机，是目前功能最强、运算速度最快、价格最贵的计算机，一般用于航天、能源、医药、军事等领域的复杂计算，安装在国家高级研究机关中，可供几百个用户同时使用。这种机器价格昂贵，号称"国家级资源"。世界上只有少数几个国家能生产这种机器，如美国克雷公司生产的 Cray-1、Cray-2 和 Cray-3，以及我国自主生产的银河-Ⅲ型机、曙光-2000 型机等都属于巨型机。巨型机的研制开发是一个国家综合国力和国防实力的体现。

(2) 大型计算机：通常使用多处理器结构，具有较高的运算速度，每秒钟计算数亿次，具有较大的存储容量、较好的通用性，功能较完备，不足之处是价格比较昂贵。此类计算机通常用作银行、证券等大型应用系统中的计算机主机。大型计算机支持大量用户同时使用计算机数据和程序。

(3) 小型计算机：价格低廉，适用于中小型单位。如 DEC 公司的 VAX 系列、IBM 公司的 AS/4000 系列计算机属于小型计算机。

(4) 微型计算机：也称个人计算机(Personal Computer，PC)，简称微机，其特点是轻便、价格便宜，通常一次只能供一个用户使用。

任务 3　了解计算机的发展趋势

计算机技术是世界上发展最快的科学技术之一，其产品不断升级换代。当前，计算机正朝着巨型化、微型化、智能化、网络化等方向发展，其本身的性能越来越优越，应用范围也越来越广泛，已成为工作、学习和生活中必不可少的工具。

1. 量子计算机

量子计算机是一类遵循量子力学规律进行高速算术和逻辑运算、存储及处理量子信息的物理设备。当某个设备由两个子元件组装，且处理和计算的是量子信息，运行的是量子算法时，它就是量子计算机。简单来说，量子计算机是采用基于量子力学原理和深层次计算模式的计算机，而不像传统的二进制计算机那样将信息分为 0 和 1 来处理。

2. 神经网络计算机

人类大脑的总体运行速度相当于每秒 1000 万亿次的计算机处理速度。从大脑工作的模型中抽取计算机设计模型，用许多处理机模仿人脑的神经元机构，将信息存储在神经元之间的联络中，并采用大量的并行分布式网络就构成了神经网络计算机。

3. 化学、生物计算机

在运行机制上，化学计算机以化学制品中的微观碳分子作为信息载体，来实现信息的传输与存储。DNA 分子在酶的作用下可以从某基因代码通过生物化学反应转变为另一种基因代码，转变前的基因代码可以作为输入数据，转变后的基因代码可以作为运算结果，利用这一过程可以制成新型的生物计算机。生物计算机最大的优点是生物芯片的蛋白质具有生物活性，能够跟人体的组织结合在一起，特别是可以与人的大脑和神经系统有机地连接，使人机接口自然吻合，免除了烦琐的人机对话。这样，生物计算机就可以听人指挥，成为人脑的外延或扩充部分，还能够从人体的细胞中吸收营养来补充能量，不需要外界的能源。生物计算机的蛋白质分子具有自我组合的能力，从而使生物计算机具有自调节能力、自修复能力和自再生能力，更易于模拟人类大脑的功能。现今，科学家已研制出了许多生物计算机的主要部件——生物芯片。

4. 光计算机

光计算机是用光子代替半导体芯片中的电子，以光互连来代替导线制成数字计算机。与电的特性相比，光具有无法比拟的优点：光在光介质中以许多个波长不同或波长相同而振动方向不同的光波传输，不存在寄生电阻、电容、电感和电子相互作用问题。光器件无电位差，因此光计算机的信息在传输中畸变或失真小，可在同一条狭窄的通道中传输数量庞大的数据。

项目 2 熟悉计算机的硬件与软件系统

任务 1 了解计算机系统

计算机系统由硬件系统和软件系统两部分组成。硬件系统是计算机系统的物质基础，是计算机中能够看得见、摸得着的物理实体。软件系统是建立在硬件系统之上的，是硬件与用户之间的接口，包括系统软件和应用软件两部分。计算机中的硬件系统和软件系统相互协调、配合作业，二者缺一不可。

任务 2 了解计算机的基本结构

虽然计算机的功能各不相同，但我们现在使用的计算机都遵循冯·诺依曼体系结构，即将计算机分成控制器、运算器、存储器、输入设备和输出设备 5 个组成部分，每一部分按要求执行相关的功能，它们之间的关系如图 1.2 所示。其中，运算器和控制器构成了计算机的核心，也就是中央处理器(Central Processing Unit，CPU)。

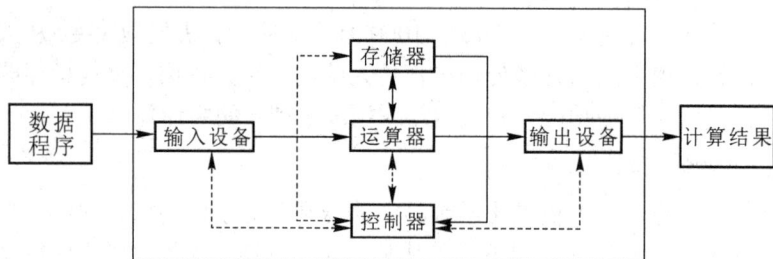

图 1.2 冯·诺依曼体系结构

1. 控制器(Controller)

控制器是计算机系统的指挥中心，它指挥计算机各部分协调地工作，保证计算机按规定的目标和步骤有条不紊地进行操作及处理。计算机自动工作的过程，实际上是自动执行程序的过程，而程序中的每条指令都是由控制器来分析执行的，它是计算机实现"程序控制"的主要部件。

2. 运算器(Arithmetic Logic Unit，ALU)

运算器的主要功能是对数据进行各种运算。这些运算除常规的加、减、乘、除等基本的算术运算外，还包括能进行逻辑判断的逻辑运算。

3. 存储器(Memory)

存储器的主要功能是存储程序和各种数据信息，并在需要时提供这些信息。存储器是具有记忆功能的设备，包括内存储器和外存储器两部分。内存储器存储的是正在运行的程序和数据，容量小，存取速度快，分为随机存储器(Random Acces Memory，RAM)和只读存储器(Read Only Memory，ROM)2 种。外存储器又叫辅助存储器，可以长期存放计算机中的数据信息。

4. 输入设备与输出设备(Input and Output Device，I/O)

输入设备与输出设备合称为外部设备，简称外设，它们都是计算机的重要组成部分。输入设备(Input Device)将信息输入计算机中，并将其转换为二进制代码，在控制器的控制下，按地址有序地送入计算机内存储器中，并转换成计算机能够识别的编码。输出设备(Ouput Device)负责将计算机的运算结果、处理的数据等信息，以人们容易识别的数字、图形、字符等形式表现出来。

以上所有内容构成了我们所熟知的计算机系统，如图1.3 所示。

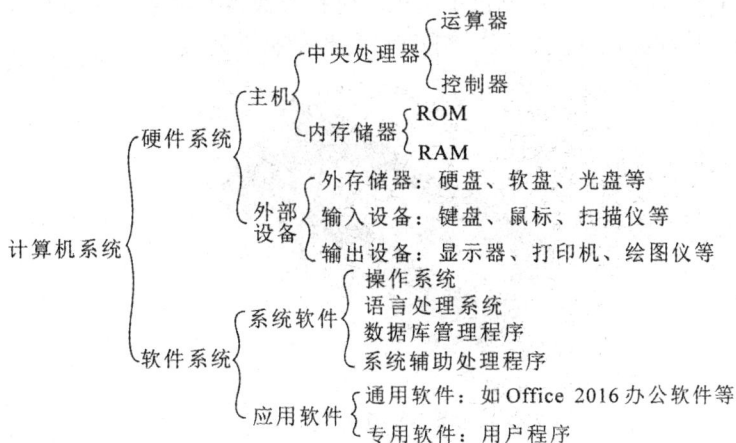

图 1.3 计算机系统的组成

任务3 认识微型计算机的硬件

微型计算机的硬件包括微处理器、内存储器、主板、硬盘、键盘和鼠标等。

1. 微处理器

微处理器是由一片或少数几片大规模集成电路组成的中央处理器，简称 CPU，如图 1.4 所示。

图 1.4 CPU

CPU 中不仅有运算器、控制器，还有寄存器与高速缓冲存储器。一个 CPU 可包含几个甚至几十个内部寄存器，如包含数据寄存器、地址寄存器和状态寄存器等。

控制器由程序计数器、指令译码器、指令寄存器与定时控制逻辑电路组成，可分析和执行指令，统一指挥微机各部分按时序进行协调操作。

CPU 既是计算机的指令中枢，也是系统的最高执行单位。CPU 主要负责指令的执行，作为计算机系统的核心组件，在计算机系统中占有举足轻重的地位，它是影响计算机系统运算速度的重要因素。

2. 内存储器

计算机中的存储器包括内存储器和外存储器 2 种，其中，内存储器也叫主存储器，简称内存，如图 1.5 所示。内存是计算机中用来临时存放数据的地方，也是 CPU 处理数据的中转站，内存的容量和存取速度直接影响 CPU 处理数据的速度。

图 1.5　内存

内存主要由内存芯片、电路板和金手指等部分组成。

从工作原理上说，内存一般采用半导体存储单元，包括随机存储器(RAM)、只读存储器(ROM)和高速缓冲存储器(Cache)。

内存通常是指随机存储器，它既可以从中读取数据，也可以写入数据，当计算机电源关闭时，存于其中的数据会丢失；只读存储器的信息只能读出，一般不能写入，即使停电，这些数据也不会丢失，如 BIOS ROM；高速缓冲存储器在计算机中通常指 CPU 的缓存。

3. 主板

主板(Main Borad)也称为母板(Mother Board)或系统板(System Board)，是机箱中最重要的电路板，如图 1.6 所示。主板上布满了各种电子元器件、插座、插槽和各种外部接口，它可以为计算机的所有部件提供插槽和接口，并通过其中的线路统一协调所有部件的工作。

图 1.6　主板

4．硬盘

硬盘是计算机中最大的存储设备，通常用于存放永久性的数据和程序，如图 1.7 所示。硬盘的内部结构比较复杂，主要由主轴电机、盘片、磁头和传动臂等部件组成。

图 1.7　硬盘

硬盘容量是选购硬盘的主要性能指标之一，包括总容量、单碟容量和盘片数 3 个参数。其中，总容量是表示硬盘能够存储多少数据的一项重要指标，通常以 GB 为单位。目前主流的硬盘容量从 40 GB 到 4 TB 不等。此外，通常硬盘是按照接口的类型进行分类的，主要有 ATA 和 SATA 2 种。

5．键盘和鼠标

鼠标因其外形与老鼠类似，所以被称为"鼠标"，如图 1.8 所示。根据鼠标按键的不同，鼠标可分为三键鼠标和两键鼠标；根据鼠标工作原理的不同，鼠标可分为机械鼠标和光电鼠标。鼠标还可分为无线鼠标和轨迹球鼠标。

图 1.8　鼠标

键盘是用户和计算机进行交流的工具，通过键盘可以直接向计算机输入各种字符和命令，简化计算机的操作。不同生产厂商所生产的键盘型号各不相同，目前常用的键盘有 107 个键位，如图 1.9 所示。

图 1.9　键盘

6. 显示卡与显示器

显示卡常称显卡，又称显示适配器或图形加速卡，其功能主要是将计算机中的数字信号转换成显示器能够识别的信号(模拟信号或数字信号)，再将显示的数据进行处理和输出，可分担 CPU 的图形处理工作，如图 1.10 所示。

图 1.10　显卡

显示器是计算机的主要输出设备，其作用是将显卡输出的信号(模拟信号或数字信号)以肉眼可见的形式表现出来，如图 1.11 所示。目前主要有 2 种显示器，一种是液晶显示器(Liquid Crystal Display，LCD)，另一种是使用阴极射线管(Cathode Ray Tube，CRT)的显示器(CRT 显示器)。

(a) LCD 显示器　　　　　　　　　　　(b) CRT 显示器

图 1.11　显示器

7. 打印机

打印机也是计算机常见的一种输出设备，在办公中经常会用到，其主要功能是对文字和图像进行打印输出。现在主要使用的打印机有激光打印机(见图 1.12)、点阵击打式打印机(见图 1.13)、喷墨打印机(见图 1.14)。

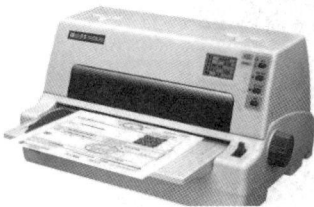  

图 1.12　激光打印机　　　　图 1.13　点阵击打式打印机　　　　图 1.14　喷墨打印机

(1) 激光打印机：通过激光产生静电吸附效应，利用硒鼓将碳粉转印到打印纸上，具有速度快、噪声小、分辨率高的特点。

(2) 点阵击打式打印机：通过电磁铁高速击打 24 根打印针，让色带上的墨汁转印到打印纸上，其特点是速度较慢且噪声大。

(3) 喷墨打印机：通过将墨滴喷射到打印介质上来形成文字或图像，其各项指标在前两种打印机之间。

任务 4　认识计算机的软件

软件系统是为运行、管理和维护计算机而编制的各种程序、数据和文档的总称。软件系统主要分为两大类：系统软件和应用软件。

1. 系统软件

系统软件是指控制和协调计算机及外部设备，支持应用软件开发和运行的软件。系统软件的主要功能是调度、监控和维护计算机系统，负责管理计算机系统中各独立硬件，使各硬件协调工作。

系统软件是软件系统的基础，所有应用软件都要在系统软件上运行。系统软件主要包括操作系统、语言处理系统、数据库管理程序和系统辅助处理程序等，其中最主要的是操作系统，它提供了一个软件运行的环境。

1) 操作系统

系统软件中最重要且最基本的是操作系统。它是最底层的软件，控制所有计算机上运行的程序并管理整个计算机的软硬件资源，是计算机逻辑和应用程序及用户之间的桥梁。常用的操作系统有 Windows、Linux、DOS、UNIX 等。

2) 语言处理系统

语言处理系统是系统软件的另一大类型。早期的计算机所使用的编程语言一般是由计算机硬件厂家随机器配置的。随着编程语言发展到高级语言，语言系统开始成为用户可选择的一种产品化的软件。

3) 数据库管理程序

数据库(Database)管理程序是应用最广泛的软件。加载、使用和维护数据库，把各种不同性质的数据进行组织，以便能够有效地查询、检索并管理这些数据是运用数据库的主要目的。

4) 系统辅助处理程序

系统辅助处理程序主要是指一些为计算机系统提供服务的工具软件和支撑软件，这些程序主要是为了维护计算机系统的正常运行，方便用户在软件开发和实施过程中的应用。

2. 应用软件

应用软件是用户可以使用的各种程序设计语言，以及各种程序设计语言编写的应用程序的集合，分为通用软件和专用软件。

1) 通用软件

为了解决某一类问题所使用的软件称为通用软件。通常软件主要有以下几类：

(1) 用于文字处理、表格处理、文稿演示等的办公软件，如 Microsoft Office、WPS 等。

(2) 用于财务会计业务的财务软件，如用友软件等。

(3) 用于机械设计制图的绘图软件，如 AutoCAD 等。

(4) 用于图像处理的软件，如 Photoshop、Adobe Illustrator 等。

2) 专用软件

专门适应特殊需求的软件称为专用软件，例如，用户自己组织人力开发的自动控制车床，以及将各种专业性工作集合到一起完成的软件等。

任务5　了解计算机程序设计语言

编写计算机程序所用的语言即计算机程序设计语言，通常分为机器语言、汇编语言和高级语言 3 类。

1. 机器语言

机器语言是计算机硬件系统所能识别的、不需翻译、直接供机器使用的程序语言。机器语言用二进制代码 0 和 1 的形式表示，是唯一能被计算机直接识别的语言，其执行速度最快，但使用机器语言编写程序难度大，调试修改烦琐。用机器语言编写的程序不便于记忆、阅读和书写，因此通常不用机器语言直接编写程序。

2. 汇编语言

汇编语言是一种用助记符(英文或英文缩写)表示的面向机器的程序设计语言。汇编语言的每条指令对应一条机器语言代码，不同类型的计算机系统一般有不同的汇编语言。用汇编语言编写的程序称为汇编语言程序，机器不能直接识别和执行，必须由汇编程序(或汇编系统)翻译成机器语言程序才能运行。

机器语言与汇编语言都和计算机有着十分密切的关系，因此称为低级语言。

3. 高级语言

高级语言是一种比较接近自然语言和数学表达式的计算机程序设计语言。用高级语言编写的程序一般称为源程序，计算机不能识别和执行。因此，要把源程序翻译成机器指令，计算机才能执行，翻译通常有编译和解释 2 种方式。

(1) 编译方式：将源程序整个翻译成用机器指令表示的目标程序，然后让计算机来执行，如 C 语言。

(2) 解释方式：将源程序逐句翻译，翻译一句执行一句，也就是边解释边执行，不产生目标程序，如 BASIC 语言。

高级语言直观、易读、易懂、易调试、便于移植。常用的高级语言有 C 语言、BASIC 语言、Fortran 语言、Pascal 语言、C++ 语言、Java 语言等。

项目3　认识计算机的信息存储

任务1　认识计算机中的数据及其单位

1. 计算机中的数据

冯·诺依曼提出计算机中采用二进制表示方法。二进制只有"0"和"1"两个数字，相对十进制而言，采用二进制表示不但运算简单、易于物理实现、通用性强，更重要的优点是所占用的空间和所消耗的资源少，可靠性高。

2. 计算机中数据的单位

1) 位

位(bit)是计算机存储数据的最小单位。一个二进制位只能表示 $2^1=2$ 种状态，要想表示更多的信息，就得把多个位组合起来作为一个整体，每增加一位，所能表示的信息量就增加一倍。例如，ASCII 码用 7 位二进制组合编码，能表示 $2^7=128$ 个信息。

2) 字节

字节(byte)是数据处理的基本单位，即以字节为单位存储和解释信息，简记为 B。规定一个字节等于 8 位二进制数，即 1 B = 8 bit。通常，1 个字节可存放一个 ASCII 码，2 个字节存放一个汉字国标码，整数用 2 个字节组织存储，单精度实数用 4 个字节组织成浮点形式，而双精度实数利用 8 个字节组织成浮点形式，等等。存储器容量大小是以字节数来度量的，其单位有 KB(千字节)、MB(兆字节)、GB(吉字节)、TB(太字节)、PB(帕字节)、EB(艾字节)、ZB(泽字节)、YB(尧字节)，它们的换算关系如下。

1 KB = 1024 B	1PB = 1024 TB
1 MB = 1024 KB	1 EB = 1024 PB
1 GB = 1024 MB	1 ZB = 1024 EB
1 TB = 1024 GB	1 YB = 1024 ZB

3) 字长

人们将计算机能够一次运行处理的二进制数称为该机器的字长，也称为计算机的一个"字"。在计算机诞生初期，计算机一次能够同时处理 8 个二进制数。随着电子技术的发展，计算机的并行能力越来越强。计算机的字长通常是字节的整倍数，如 8 位、16 位、32 位、64 位、128 位等。

任务2　了解数制及其转换

数制也称计数制，是用一组固定的符号和统一的规则来表示数值的方法。人们通常采用的数制有十进制、二进制、八进制和十六进制。编码是信息从一种形式或格式转换为另一种形式或格式的过程。编码在计算、控制和通信等方面广泛使用。

1. 数制的基本概念

虽然计算机能极快地进行运算，但其内部运算并不是使用人们在实际生活中所用的十进制，而是使用只包含 0 和 1 两个数值的二进制。

按进位的原则进行计数，称为进位计数制，简称数制。不论是哪一种数制，其计数和运算都有共同的规律和特点。

1) 基数

数制中所需要的数字字符的总个数，称为基数。例如：0、1、2、3、4、5、6、7、8、9，10 个不同的符号来表示数值，这个"10"就是数字字符的总个数，也是十进制的基数，表示逢十进一。

2) 位权表示法

位权是指一个数字在某个固定位置上所代表的值。处在不同位置上的数字所代表的值不同，每个数字的位置决定了它的值或者位权。位权与基数的关系：各数制中位权的值是基数的若干次幂。

例如：十进制数 803.77 可以表示为

$$(803.77)_{10} = 8 \times 10^2 + 0 \times 10^1 + 3 \times 10^0 + 7 \times 10^{-1} + 7 \times 10^{-2}$$

位权表示法：每一位数要乘以基数的幂次，幂次以小数点为界，整数自右向左为 0 次方、1 次方、2 次方……小数自左向右为 -1 次方、-2 次方、-3 次方……

2. 常用的数制

常用的数制有多种，在计算机中采用二进制。为了表示方便，人们还经常使用八进制数或十六进制数。

1) 二进制数(B)

二进制数(Binary)用 0、1 两个数字表示，遵循"逢二进一"的原则，二进制的基数是 2。

2) 八进制数(O)

八进制数(Octal)用 0，1，2，…，7 这 8 个数字表示，遵循"逢八进一"的原则，八进制的基数是 8。

3) 十进制数(D)

十进制数(Decimal)用 0，1，2，…，9 这 10 个数字表示，遵循"逢十进一"的原则，十进制的基数是 10。

4) 十六进制数(H)

十六进制数(Hexadecimal)用 0，1，2，…，9，A，B，C，D，E，F 这 16 个数码表示，遵循"逢十六进一"的原则，十六进制的基数是 16。

3. 各数制的书写格式

各数制的书写格式示例如下：

$$(1011.101)_2, \ (331)_8, \ (35.61)_{10}, \ (FA5)_{16}$$

1011.101B，331O，35.61D，FA5H

其中，B 表示二进制，O 表示八进制，D 表示十进制，H 表示十六进制。

各种数制表示如表 1.2 所示。

表 1.2 各种数制表示

十进制	二进制	八进制	十六进制	十进制	二进制	八进制	十六进制
0	0000	0	0	8	1000	10	8
1	0001	1	1	9	1001	11	9
2	0010	2	2	10	1010	12	A
3	0011	3	3	11	1011	13	B
4	0100	4	4	12	1100	14	C
5	0101	5	5	13	1101	15	D
6	0110	6	6	14	1110	16	E
7	0111	7	7	15	1111	17	F

4. 二进制、八进制、十进制及十六进制相互转换的规则

(1) 二进制、八进制和十六进制转换为十进制：按权展开法。

(2) 十进制转换为二进制、八进制和十六进制：

整数部分：除权取余法，倒读；

小数部分：乘权取整法，正读。

(3) 二进制转换为十六进制：四位转换为一位。

(4) 十六进制转换为二进制：一位转换为四位。

(5) 二进制转换为八进制：三位转换为一位。

(6) 八进制转换为二进制：一位转换为三位。

(7) 八进制数转换成十六进制：可以先把八进制转换为二进制，再转换成十六进制。

(8) 十六进制数转换成八进制：可以先把十六进制转换为二进制，再转换成八进制。

对于任何一个二进制数、八进制数、十六进制数都可以将它按权展开成多项式，再计算该多项式的值即可转换为十进制数。

【例 1】 $(10001.1101)_2 = 1 \times 2^4 + 1 \times 2^0 + 1 \times 2^{-1} + 1 \times 2^{-2} + 1 \times 2^{-4} = (17.8125)_{10}$

【例 2】 $(34.6)_8 = 3 \times 8^1 + 4 \times 8^0 + 6 \times 8^{-1} = (28.75)_{10}$

思考：$(FA9)_{16} = ($ $)_{10}$

【例 3】 $(158.5803)_{10} = (10011110.10010)_2$ (有效位数为 5 位)

转换过程如下：

```
2 | 158                        0.5803
2 | 79 ………0                 ×      2
  2 | 39 ………1               1.1606 …………1
    2 | 19 ………1             0.1606
      2 | 9 …… 1             ×      2
        2 | 4 …1             0.3212 …………0
          2 | 2 …0           ×      2
            2 | 1 …0         0.6424 …………0
              0 …1           ×      2
                            1.2848 …………1
                            0.2848
                            ×      2
                            0.5696 …………0
```

思考：$(158.5803)_{10}=(\quad)_8$

$(158.5803)_{10}=(\quad)_{16}$

【例 4】 $(11010110011101.11101)_2=(359D.E8)_{16}$

0011	0101	1001	1101	.	1110	1000
↓	↓	↓	↓		↓	↓
3	5	9	D	.	E	8

思考：$(1001110111001.00111)_2=(\quad)_{16}$

【例 5】 $(5A9.B28)_{16}=(10110101001.101100101)_2$

5	A	9	.	B	2	8
↓	↓	↓		↓	↓	↓
0101	1010	1001	.	1011	0010	1000

注意：最左边和最右边的 0 予以省略。

思考：$(3D2.F4)_{16}=(\quad)_2$

【例 6】 $(11010110011101.11101)_2=(32635.72)_8$

011	010	110	011	101	.	111	010
↓	↓	↓	↓	↓		↓	↓
3	2	6	3	5	.	7	2

思考：$(1001110111001.00111)_2=(\quad)_8$

【例 7】 $(453.127)_8=(100101011.001010111)_2$

4	5	3	.	1	2	7
↓	↓	↓		↓	↓	↓
100	101	011	.	001	010	111

思考：$(327.16)_8=(\quad)_2$

【例 8】 $(34.21)_8=(011\ 100.010\ 001)_2=(0001\ 1100.0100\ 0100)_2=(1C.44)_{16}$

$(3A.52)_{16}=(0011\ 1010.0101\ 0010)_2=(000\ 111\ 010.010\ 100\ 100)_2=(72.244)_8$

任务 3　认识二进制数的运算

1. 二进制数的算术运算

二进制数的算术运算包括加法运算和减法运算，运算比较简单，其具体运算规则如下。

加法运算：按"逢二进一"法，向高位进位，运算规则为：$0+0=0$、$0+1=1$、$1+0=1$、$1+1=10$。例如，$(10011.01)_2+(100011.11)_2=(110111.00)_2$。

减法运算：减法实质上是加上一个负数，主要应用于补码运算，运算规则为：$0-0=0$、

$1-0=1$、$0-1=1$(向高位借位，结果本位为 1)、$1-1=0$。例如，$(110011)_2 - (001101)_2 = (100110)_2$。

2. 二进制数的逻辑运算

计算机所采用的二进制数 1 和 0 可以代表逻辑运算中的"真"与"假"、"是"与"否"和"有"与"无"。二进制的逻辑运算包括"与""或""非""异或"4 种，具体介绍如下。

"与"运算："与"运算又称为逻辑乘，通常用符号"×""∧""•"来表示。其运算法则为 $0 \wedge 0 = 0$、$0 \wedge 1 = 0$、$1 \wedge 0 = 0$、$1 \wedge 1 = 1$。

"或"运算："或"运算又称为逻辑加，通常用符号"+"或"∨"来表示。其运算法则为 $0 \vee 0 = 0$、$0 \vee 1 = 1$、$1 \vee 0 = 1$、$1 \vee 1 = 1$。

"非"运算："非"运算又称为逻辑否运算，通常是在逻辑变量上加上划线来表示，如变量为 A，则其"非"运算结果用 $\bar{A}$ 表示。

"异或"运算："异或"运算通常用符号"⊕"表示，其运算法则为 $0 \oplus 0 = 0$、$0 \oplus 1 = 1$、$1 \oplus 0 = 1$、$1 \oplus 1 = 0$。该运算法则表明，当逻辑运算中变量的值不同时，结果为 1，而变量的值相同时，结果为 0。

任务4　了解计算机中字符的编码规则

字符包括西文字符(字母、数字、各种符号)和中文字符，即所有不可做算术运算的数据。

字符编码的方法很简单，首先确定需要编码的字符总数，然后将每一个字符按顺序确定序号。序号的大小无意义，仅作为识别与使用这些字符的依据。字符形式的多少涉及编码的位数，对于西文与中文字符，由于形式不同，使用的编码也不同。

由于计算机是以二进制的形式存储和处理数据的，因此字符也必须按特定的规则进行二进制编码才能输入计算机。

1. 西文字符的编码

计算机中常用的字符(西文字符)编码有 2 种：EBCDIC(Extended Binary Coded Decimal Interchange Code，广义二进制编码的十进制交换码)和 ASCII (American Standard Code for Information Interchange，美国信息交换标准代码)。微型计算机采用 ASCII。

ASCII 被国际标准化组织指定为国际标准。ASCII 包括 7 位码和 8 位码 2 种版本。7 位码是 2 的 7 次方，一共 128 个(0~127)；而 8 位码是 2 的 8 次方，共 256 个(0~255)。ASCII 可以表示的最大字符数是 256 个。国际的 7 位 ASCII 码是用 7 位二进制数表示一个字符的编码，其编码范围为 0000000B~1111111B，共有 $2^7 = 128$ 个不同的编码值，相应可以表示 128 个不同的编码。

2. 汉字的编码

我国于 1980 年发布了国家汉字编码标准 GB 2312—1980，即《信息交换用汉字编码字符集》(简称 GB 码或国标码)，表 1.3 所示是国标码的相关知识。

表 1.3　国标码的相关知识

项　目	说　明
国标码的字符集	共收录了 7 445 个图形符号和两级常用汉字等,有 682 个非汉字图形符和 6 763 个汉字的代码,汉字代码中有一级常用汉字 3 755 个,二级常用汉字 3 008 个
国标码的存储	国标码可以说是扩展了的 ASCII 码,两个字节存储一个国标码,国标码的编码范围为 212H~7E7E
区位码	也称为国标区位码,是国标码的一种变形。它把全部一级、二级汉字和图形符号排列在一个 94 行 × 94 列的矩阵中,构成一个二维表格,类似于 ASCII 码表 区:矩阵中的每一行,用区号表示,区号范围是 1~94 位:矩阵中的每一列,用位号表示,位号范围是 1~94 区位码:汉字的区号与位号的组合(高两位是区号,低两位是位号) 实际上,区位码也是一种汉字输入码,其最大优点是一字一码,即无重码;最大缺点是难以记忆
区位码与国标码之间的关系	国标码 = 区位码 + $(2020)_{16}$

从汉字编码的角度看,计算机对汉字信息的处理过程实际上是各种汉字编码间的转换过程,这些编码主要包括汉字输入码、汉字机内码、汉字地址码、汉字字形码等,如图 1.15 所示。

图 1.15　汉字编码转换过程

1) 汉字输入码

汉字输入码是为使用户能够使用西文键盘输入汉字而编制的编码,也称外码。汉字输入码是利用计算机标准键盘上按键的不同排列组合来对汉字输入进行编码。一个好的输入编码的特点:编码短,可以减少击键的次数;重码少,可以实现盲打;好学好记,便于学习和掌握。但目前还没有一种符合上述全部要求的汉字输入编码方法。

汉字输入码有许多种不同的编码方案,大致分为以下几类。

(1) 音码:以汉语拼音字母和数字为汉字编码,如全拼输入法和双拼输入法。

(2) 音形码:以拼音为主,辅以字形字义进行编码,如五笔字型输入法。

(3) 形码:根据汉字的字形结构对汉字进行编码,如自然码输入法。

(4) 数字码:直接用固定位数的数字给汉字编码,如区位输入法。

2) 汉字机内码

汉字机内码,简称内码,是为在计算机内部对汉字进行处理、存储和传输而编制的汉字编码,应能满足存储、处理和传输的要求。不论用何种输入码,输入的汉字在机器内部都要转换成统一的汉字机内码,然后才能在机器内传输、处理。

在计算机内部为了能够区分是汉字还是 ASCII 码,将国标码每个字节的最高位由 0 变为 1，变换后的国标码称为汉字机内码。

汉字的国标码与其内码之间的关系：内码 = 汉字的国标码 + $(8080)_{16}$。

3) 汉字地址码

汉字地址码是指汉字库(这里主要指汉字字形的点阵式字模库)中存储汉字字形信息的逻辑地址码。在汉字库中，字形信息都是按一定顺序(大多数按照标准汉字国标码中汉字的排列顺序)连续存放在存储介质中的，所以汉字地址码也大多是连续有序的，而且与汉字机内码间有着简单的对应关系，从而简化了汉字机内码到汉字地址码的转换。

4) 汉字字形码

汉字字形码是存放汉字字形信息的编码，它与汉字机内码一一对应。每个汉字的字形码是预先存放在计算机内的，常称为汉字库。当输出汉字时，计算机根据内码在汉字库中查到其字形码，得知字形信息后就可以显示或打印输出了。描述汉字字形的方法主要有点阵字形法和矢量表示法。

(1) 点阵字形法：用一个排列成方阵的黑白点来描述汉字。这种方法简单，点阵规模越大，字形越清晰美观，所占存储空间越大。点阵字形法的缺点是字形放大后的显示效果差。

(2) 矢量表示法：描述汉字字形的轮廓特征，采用数学方法描述汉字的轮廓曲线。如 Windows 下采用的 TrueType 技术就是汉字的矢量表示法，它解决了汉字点阵字形放大后出现锯齿现象的问题。矢量表示法的特点是字形精度高，但输出前要经过复杂的数学运算处理，当要输出汉字时，通过计算机的计算，由汉字字形描述生成所需大小和形状的汉字点阵。

项目 4   认识多媒体技术

任务 1   了解多媒体技术基础知识

现代计算机的使用中越来越多地利用到多媒体技术，如教学、娱乐等。

在多媒体技术中，媒体(Medium)是一个重要的概念。那么，什么是媒体呢？媒体是指传输信息的载体。

国际电报电话咨询委员会(简称 CCITT，目前已被 ITU 取代)曾对媒体做如下分类。

1. 感觉媒体(Perception Medium)

感觉媒体指直接作用于人的感觉器官，使人产生直接感觉的媒体，如引起听觉反应的声音、引起视觉反应的图像等。

2. 表示媒体(Representation Medium)

表示媒体指传输感觉媒体的中介媒体，即用于数据交换的编码，如图像编码(JPEG、MPEG)、文本编码(ASCII、GB 2312)和声音编码等。

3. 表现媒体(Presentation Medium)

表现媒体指进行信息输入和输出的媒体，如键盘、鼠标、扫描仪、话筒和摄像机等为输入媒体；显示器、打印机和喇叭等为输出媒体。

4. 存储媒体(Storage Medium)

存储媒体指用于存储表示媒体的物理介质，如硬盘、磁盘、光盘、ROM 及 RAM 等。

5. 传输媒体(Transmission Medium)

传输媒体指传输表示媒体的物理介质，如电缆、光缆和电磁波等。

注意：在多媒体技术中，我们所说的媒体一般指的是感觉媒体。

任务 2   了解多媒体技术的特点

所谓多媒体技术就是计算机交互式综合处理多种媒体信息，如文本、图形、图像和声音，使多种信息建立逻辑连接，集成为一个具有交互性的系统。简而言之，多媒体技术就是以集成性、多样性和交互性为特征的综合处理声音、文字、图形、图像等信息的计算机技术。

多媒体技术的特性：多样性、集成性、交互性、非线性、实时性、方便性、动态性。

1. 多样性

多样性主要表现为信息媒体的多样化。多样性使得计算机处理信息的空间范围扩大，不再局限于数值、文本或图形和图像，可以借助于视觉、听觉和触觉等多感觉形式实现信息的产生、接收和交换。

2. 集成性

集成性主要表现为多媒体信息的集成和设备的集成。多媒体信息的集成是将各种信息媒体按照一定的数据模型和组织结构集成为一个有机的整体。

3. 交互性

交互性是多媒体应用有别于传统信息交流媒体的主要特点之一。传统信息交流媒体只能单向、被动地传播信息，而多媒体技术引入交互性后则可实现人对信息的主动选择、使用、加工和控制。

4. 非线性

多媒体技术的非线性特点将改变人们传统的循序性的读写模式。以往人们读写方式大都采用章、节、页的框架，循序渐进地获取知识，而多媒体技术将借助超文本链接的方式，将内容以一种更灵活、更具变化的方式呈现给读者。

5. 实时性

实时性是指在人的感官系统允许的情况下进行多媒体处理和交互，当人们给出操作命令时，相应的多媒体信息都能够得到实时控制。

6. 方便性

用户可以按照自己的需要、兴趣、任务要求、偏爱和认知特点很方便地使用信息，并采用图像、文本、声音等信息表现形式。

7. 动态性

动态性是指信息结构的动态性，用户可以按照自己的目的和认知特征重新组织信息，即增加、删除或修改节点，重新建立链接等。

任务 3　认识多媒体设备和软件

1. 多媒体计算机硬件系统

多媒体计算机硬件系统除了需要较高配置的计算机主机外，还包括表示、捕获、存储、传递和处理多媒体信息所需要的硬件设备。

1) 多媒体外部设备

多媒体外部设备按其功能又可分为以下 4 类。

(1) 人机交互设备，如键盘、鼠标、触摸屏、绘图板、光笔及手写输入设备等。

(2) 存储设备，如 U 盘、光盘等。

(3) 视频、音频输入设备，如摄像机、扫描仪、数码相机和话筒等。

(4) 视频、音频播放设备，如音响、电视机和大屏幕投影仪等。

2) 多媒体接口卡

多媒体接口卡是根据多媒体系统获取、编辑音频或视频的需要而插接在计算机上的接口卡。常用的接口卡有声卡、视频卡等。

(1) 声卡：也称音频卡，是 MPC(Multimedia Personal Computer，多媒体个人计算机)的必要部件，它是计算机进行声音处理的适配器，用于处理音频信息。它可以将话筒、唱机(包括激光唱机)、录音机、电子乐器等输入的声音信息进行模/数转换、压缩处理，也可以将经过计算机处理的数字化声音信号通过还原(解压缩)、数/模转换后用扬声器播放。

(2) 视频卡：是一种统称，有视频捕捉卡、视频显示卡、视频转换卡以及动态视频压缩卡和视频解压缩卡等。它们完成的功能主要包括图形图像的采集、压缩、显示、转换和输出等。

2. 多媒体计算机软件系统

多媒体计算机软件系统主要分为系统软件和应用软件。

1) 系统软件

多媒体计算机系统的系统软件有以下 5 种。

(1) 多媒体驱动软件：是最底层硬件的软件支撑环境，直接与计算机硬件相关，完成设备初始化、基于硬件的压缩/解压缩、图像快速变换及功能调用等。

(2) 驱动器接口程序：是高层软件与驱动程序之间的接口软件。

(3) 多媒体操作系统：实现多媒体环境下实时多任务调度，保证音频、视频同步控制及信息处理的实时性，提供多媒体信息的各种基本操作和管理，具有对设备的相对独立性和可操作性。各种多媒体软件要运行于多媒体操作系统(如 Windows)上，故操作系统是多媒体软件的核心。

(4) 多媒体素材制作软件：为用户提供所需的多媒体信息，主要是多媒体数据采集软件。

(5) 多媒体创作工具、开发环境：主要用于开发特定领域的多媒体应用软件，是在多媒体操作系统上进行软件开发的工具。

2) 应用软件

多媒体应用软件是在多媒体创作平台上设计开发的面向特定应用领域的软件。

任务4　了解多媒体信息在计算机中的表示

1. 文字

1) 英文

在计算机中，英文采用 ASCII。

2) 汉字

汉字的输入编码：数字编码、拼音码、字形编码。

汉字机内码：汉字机内码是用于汉字信息的存储、交换、检索等操作的机内代码，一般采用两个字节表示，最高位规定为"1"。

汉字字模码：汉字字模码是用点阵表示的汉字字形代码，它是汉字的输出形式。根据汉字输出的要求不同，点阵的数量也不同。 简易汉字为 16×16 点阵，提高型汉字为 24×24 点阵、32×32 点阵，甚至更高。

汉字的输入编码、汉字机内码、汉字字模码是计算机中用于输入、内部处理、输出 3 种不同用途的编码，不要混为一类。

2. 声音

声音即音频(Audio)，常常作为"音频信号"的同义语，属于听觉类媒体，其频率为 20 Hz～22 kHz。声音具有音调、音强、音色三要素。音调与频率有关，常见频带：电话音频是 200～3400 Hz、调幅广播是 50～7 000 Hz、调频广播是 20～15 000 Hz、CD 激光唱盘是 20～22 000 Hz。音强与幅度有关，振幅一般为 20～195 dB。音色是由混入基音的泛音所决定的。

1) 声音信号的数字化

声音信号是一种模拟信号，计算机要对它进行处理，必须将它转换为数字声音信号，即用二进制数字的编码形式来表示声音。最基本的声音信号数字化方法是取样—量化法，它有采样、量化和编码 3 个步骤。

2) 声音文件的格式

数字声音在计算机中存储和处理时，其数据必须以文件的形式进行组织，所选用的文件格式必须得到操作系统和应用软件的支持。声音文件的格式如下。

(1) WAVE：扩展名为 WAV，是微软(Microsoft)公司的音频文件格式。该格式记录声音的波形，故只要采样率高、采样字节长、机器速度快，利用该格式记录的声音文件能够和原声基本一致，质量非常高，但这样做的代价就是文件容量太大。

(2) MOD：扩展名为 MOD、ST3、XT、S3M、FAR 等，该格式的文件存放乐谱和乐曲使用的各种音色样本，具有回放效果佳、音色种类无限等优点。但它也有不少缺点，以至于逐渐被淘汰，目前只有一些游戏程序中尚在使用。

(3) MPEG-3：扩展名为 MP3，是现在最流行的声音文件格式。因其压缩率大，在网络可视传播和网络通信方面应用广泛，但和 CD 唱片相比，音质不能令人非常满意。

(4) RealAudio：扩展名为 RA，这种格式具有强大的压缩量和极小的失真，在众多格式中脱颖而出。和 MP3 相同，它也是为了解决网络传输带宽有限而设计的，因此主要设计目标是更好的压缩率和容错性，其次才是考虑音质。

(5) MIDI：扩展名为 MID，是目前最成熟的音乐格式，实际上已经成为一种产业标准，其科学性、兼容性、复杂程度等各方面的优势超过前面介绍的所有标准(除交响乐 CD、UnplugCD 外，其他 CD 往往都是利用 MIDI 制作出来的)，General MIDI 就是最常见的通行标准。作为音乐工业的数据通信标准，MIDI 能指挥各音乐设备的运转，能够模仿原始乐器的各种演奏技巧演奏的效果，而且文件的长度非常小。

(6) CD Audio：扩展名为 CDA，是唱片采用的格式，又称"红皮书"格式，记录的是波形流，音质效果好。但缺点是无法编辑，文件容量太大。

(7) AIF 文件：是 Apple 计算机的音频文件格式。Windows 的 Convert 工具可以把 AIF 格式的文件转换成 Microsoft 的 WAV 格式的文件。

3. 图形与图像信号的数字化

在计算机中，图形、图像必须用数字化形式描述，其数字化处理过程同声音数字化一样，也要进行采样、量化，形成数字化的图形、图像文件。

1) 图形

图形是一种矢量图，矢量图是用数学的方式来描述图形，它的基本元素是图元，即图形的指令。矢量图形的描述包括形状、色彩、位置等。例如，指令 Rect(0，0，200，200)表示从坐标(0，0)开始，水平移动 200 个像素点，再垂直移动 200 个像素点，最后形成一个正方形，该指令描述中所用字符数不到 20 个字节。矢量图形本身就用数字化形式来表述，其特点是存储量小，且图形的大小变换时不失真，但是对于一幅复杂的彩色照片，是很难用数字来描述的，因此也难以用矢量图来表示。

2) 图像

图像是一种位图，位图是用像素点来描述一幅图像，它的基本元素是像素，即像素阵列。位图图像的描述包括图像分辨率和颜色深度(灰度)。位图图像文件一般没有经过压缩，它的存储量大，适合于表现含有大量细节的画面。与矢量图形相比，位图放大时，放大的是其中每个像素的点，所以有时看到的是失真的模糊图片。在 Windows 附件中，画图软件生成的 bmp 文件就属于位图图像格式的文件。图像的主要参数为分辨率、色彩模式和颜色深度。

(1) 图像的分辨率：是指图像在水平与垂直方向上的像素个数，即组成一幅图像的纵向和横向的像素的个数。例如，1 024 × 768 的图像是指该图像水平方向上有 1 024 个像素，垂直方向上有 768 个像素。

(2) 色彩模式：是指图像所使用的色彩描述方法，如 RGB(红、绿、蓝)色彩模式、CMYK(青、洋红、黄、黑)色彩模式等。

(3) 颜色深度：位图图像中每个像素点的颜色信息用若干数据位来表示，这些数据位的个数称为图像的颜色深度。

(4) 图像深度：表示每个像素信息的位数。

(5) 图像颜色数：如图像深度为 24，则颜色数为 2^{24}。

通常，图像的分辨率越高、颜色深度越深，则数字化后的图像效果越逼真，图像数据量也越大，图像数据容量(Byte) = (图像水平像素点数 × 图像垂直像素点数 × 颜色深度) / 8。

例如，一幅 1 024 × 768 分辨率，24 位真彩色图像的数据容量为

图像数据容量 = (1024 × 768 × 24 bit) / 8 = 2 359 269 B = 2304 KB = 2.25 MB

3) 图形、图像的文件格式

(1) BMP 格式：BMP 格式是 Windows 操作系统中的标准图像文件格式，能够被多种 Windows 应用程序所支持。随着 Windows 操作系统的流行与丰富的 Windows 应用程序的开发，BMP 格式理所当然地被广泛应用。这种格式的特点是包含的图像信息较丰富，几乎不进行压缩，但由此也导致了它占用磁盘空间过大。所以，目前 BMP 格式在单机上比较流行。

(2) GIF 格式：GIF 是英文 Graphics Interchange Format(图形交换格式)的简写，顾名思义，这种格式是用来交换图片的。

GIF 格式的优点是压缩率高，磁盘空间占用较少，所以这种图像格式迅速得到了广泛的应用。最初的 GIF 只是简单地用来存储单幅静止图像(称为 GIF87a)，后来随着技术发展，可以同时存储若干幅静止图像进而形成连续的动画，使之成为曾经为数不多的支持 2D 动画的格式之一(称为 GIF89a)。此外，考虑到网络传输中的实际情况，GIF 图像格式还增加了渐显方式。也就是说，在图像传输过程中，用户可以先看到图像的大致轮廓，然后随着传输过程的继续而逐步看清图像中的细节部分，从而适应了用户的"从朦胧到清楚"的观赏心理。目前 Internet 上大量采用的彩色动画文件多为这种格式的文件。

GIF 格式的缺点是不能存储超过 256 色的图像。

(3) TIFF 格式：TIFF 格式是 Mac 中广泛使用的图像格式，它由 Aldus 和微软联合开发，最初是出于跨平台存储扫描图像的需要而设计的。它的特点是图像格式复杂、存储信息多。它存储的图像细微层次的信息非常多，图像的质量也得以提高，故非常有利于原稿的复制。TIFF 格式现在是微机上使用最广泛的图像文件格式之一。

(4) PCX 格式：PCX 格式是 PC Paintbrush(PC 画笔)的图像文件格式。PCX 的图像深度可选为 1 位、4 位、8 位，对应单色、16 色及 256 色，不支持真彩色。PCX 文件采用 RLE 编码，文件体中存放的是压缩后的图像数据。因此，将采集的图像数据写成 PCX 格式文件时，要对其进行 RLE 编码；而读取一个 PCX 文件时首先要对其进行解码，才能进一步显示和处理。

(5) PNG 格式：PNG 格式是作为 GIF 的替代品开发的，它能够避免使用 GIF 文件所遇到的常见问题。它从 GIF 那里继承了许多特征，增加了一些 GIF 文件所没有的特性。存储灰度图像时，灰度图像的深度可达 16 位；存储彩色图像时，彩色图像深度可达 48 位。在压缩数据时，它采用了一种 LZ77 派生无损压缩算法。

(6) JPEG 格式：JPEG 格式是常见的一种图像格式，它由联合照片专家组(Joint Photographic Experts Group)开发。JPEG 文件的扩展名为 jpg 或 jpeg，其压缩技术十分先进，它用有损压缩方式去除冗余的图像和彩色数据，在获得极高的压缩率的同时能展现十分丰富生动的图像，换句话说，就是可以用最少的磁盘空间得到较好的图像质量。由于 JPEG

格式的文件尺寸较小，下载速度快，也就顺理成章地成为网络上最受欢迎的图像格式。

(7) Targe 文件：Targe 文件用于存储彩色图像，可支持任意大小的图像，最高彩色数可达 32 位。专业图形编辑用户经常使用 TGA 点阵格式保存具有真实感的三维有光源图像。

(8) WMF 文件：WMF 文件只使用在 Windows 中，它保存的不是点阵信息，而是函数调用信息。它将图像保存为一系列 DDI(图形设备接口)的函数调用，在恢复时，应用程序执行源文件(即执行多个函数调用)在输出设备上面画出图像。WMF 文件具有设备无关性、文件结构好等优点，但是解码复杂，效率比较低。

(9) EPS 文件：EPS 文件是用 PostScript 语言描述的 ASCII 图形文件，在 PostScript 图形打印机上能打印出高品质的图形，能够表示 32 位图形格式和图像格式。

(10) DIF 文件：DIF 文件是 AutoCAD 中的图形文件，它以 ASCII 方式存储图像，在表现图形的尺寸大小方面十分精确，可以被 CorelDraw、3D Studio Max 等软件调用编辑。

(11) PSD 格式：PSD 格式这是著名的 Adobe 公司出品的图像处理软件 Photoshop 的专用格式。PSD 其实是使用 Photoshop 进行平面设计的一张"草稿图"，它里面包含各种图层、通道、遮罩等设计的样稿，以便下次打开文件时可以修改上一次的设计。

4. 视频

视频也称动态图像，由一系列的位图图像组成。多媒体计算机上的数字视频主要来自录像带、摄像机等模拟视频信号源，经过数字化视频处理，最后制作为数字的视频文件。视频文件的常用格式包括 AI、MPG、FCI/FLC 等。

视频文件格式除与单帧文件格式有关外，还和帧与帧之间的组织方式有关，而且视频文件一般都需经过数据压缩，因此与压缩的方式也有关。

模块 2

Windows 7 操作系统

项目 1 认识 Windows 7 操作系统

计算机系统由硬件和软件两部分组成，操作系统是配置在计算机硬件上的第一层软件，是计算机软件系统中最主要、最基本的系统软件。它在计算机系统中占据了特别重要的地位，主要用于直接控制和管理计算机硬件与软件资源，合理地组织计算机工作流程，其他软件都必须在操作系统的支持下才能运行。操作系统已成为现代计算机系统中必须配置的软件。

对操作系统进行严格的分类是困难的。根据应用领域划分，操作系统可分为桌面操作系统、服务器操作系统、嵌入式操作系统。Windows 7 属于桌面操作系统，是微软公司 2009 年推出的一种具有图形用户界面的操作系统，供个人、家庭及商业使用，一般安装于笔记本电脑、平板电脑、多媒体中心等。

项目 2 定制 Windows 7 操作系统的工作环境

在正式进行计算机操作前需要对 Windows 7 操作系统的工作环境进行定制，一般包括桌面图标设置、系统图标设置、添加快捷方式等。

任务 1 熟 悉 桌 面

打开计算机后，将自动启动 Windows 7 操作系统，进入 Windows 7 操作系统后可查看屏幕显示的桌面，如图 2.1 所示。

图 2.1　计算机桌面

Windows7 操作系统的桌面主要由图标、任务栏、桌面背景等部分组成，如图 2.2 所示。

图 2.2　桌面结构

任务 2　设置桌面图标

　　桌面图标由图片和文字组成，是代表文件、文件夹、程序和其他项目的软件标识，文字用于描述图片所代表的对象。桌面图标有助于用户快速执行命令、打开程序文件。双击桌面图标可以启动对应程序、打开文件夹、打开文档。

　　首次启动 Windows 7 操作系统时，在桌面上至少有"网络""回收站""计算机"等图标，如图 2.3 所示。

图 2.3 常用图标

为了方便操作，用户可在桌面根据个人需求对桌面图标进行设置，包括删除桌面图标、排列桌面图标、选择多个图标、隐藏桌面图标等。

1. 删除桌面图标

用户可根据个人需求删除不常用的桌面图标。

(1) 将鼠标指针移动至桌面空白区域，右击打开快捷菜单，然后单击选择"个性化"命令，此时将打开"个性化"窗口，如图2.4所示。

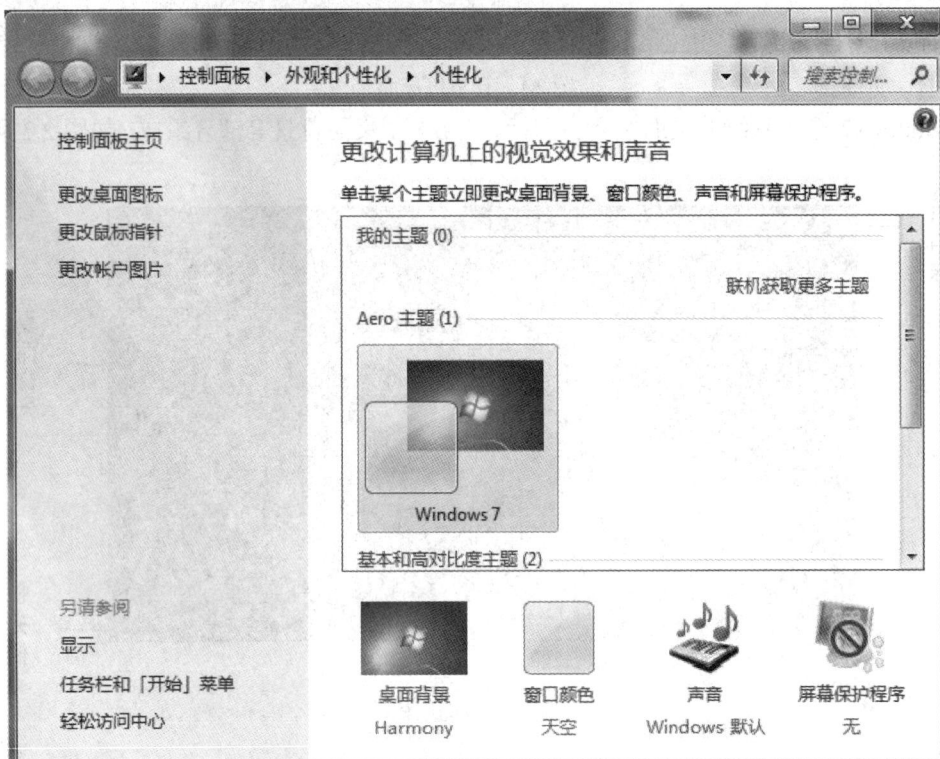

图 2.4 "个性化"窗口

(2) 打开"个性化"窗口后，单击"更改桌面图标"选项，打开"桌面图标设置"对话框。

(3)在"桌面图标设置"对话框中，用户可选择想从桌面删除的图标对应的复选框，然后单击"确定"按钮。在桌面添加个人需要的桌面图标操作与从桌面删除图标操作相似。

2. 排列桌面图标

Windows 7 操作系统将图标排列在桌面左侧并将其锁定在此位置。若要对桌面图标重新排列，则需解除锁定。

(1) 将鼠标指针移动至桌面空白区域，右击打开快捷菜单，然后选择"查看"→"自动排列图标"命令。若"自动排列图标"菜单项标记了"√"，则表示由系统自动排列图标，如图 2.5 所示。

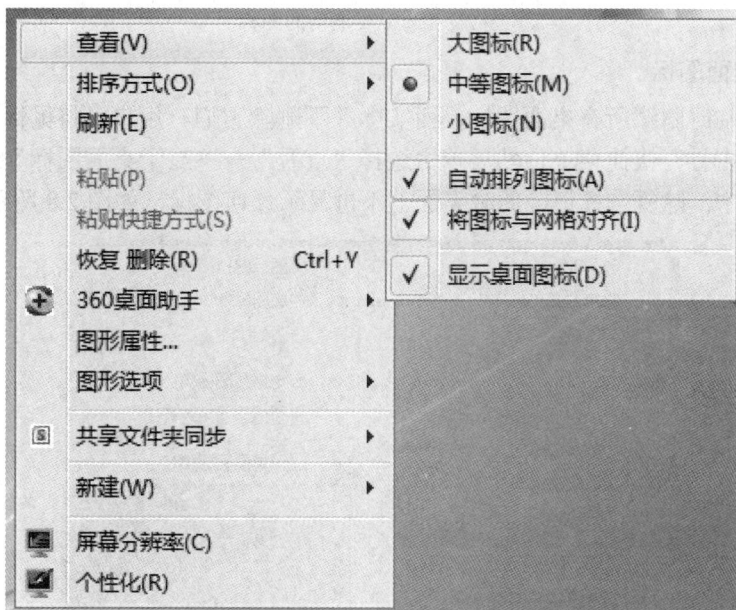

查看(V)	▶		大图标(R)
排序方式(O)	▶	◉	中等图标(M)
刷新(E)			小图标(N)
粘贴(P)		√	自动排列图标(A)
粘贴快捷方式(S)		√	将图标与网格对齐(I)
恢复 删除(R)　Ctrl+Y		√	显示桌面图标(D)
360桌面助手	▶		
图形属性...			
图形选项	▶		
共享文件夹同步	▶		
新建(W)	▶		
屏幕分辨率(C)			
个性化(R)			

图 2.5　"自动排列图标"菜单项

(2) 取消标记"√"后，则解除了对对应图标的锁定。用户可将鼠标指针移动至想拖动的图标上，然后长按鼠标左键，此时拖动图标即可调整其位置。

(3) 用户可将鼠标指针移动至桌面空白区域，右击打开快捷菜单，然后在快捷菜单中单击选择"排序方式"命令，此时用户可自行选择图标的排列标准。

3. 选择多个图标

若用户要一次移动或删除多个图标，必须选中这些图标，本文主要介绍 2 种常用的方法。

(1) 将鼠标指针移动至要拖动的一个图标旁，然后按住鼠标左键拖动，用出现的矩形框包围要选择的图标，然后释放鼠标按钮，如图 2.6 所示。

图 2.6　选中要拖动的图标

(2) 用户也可单击其中一个要拖动的图标，然后按住<Ctrl>键不放，再单击其他要拖动的图标，此时所有要拖动的图标均被选中，如图 2.7 所示。

图 2.7　选中要拖动的图标

4. 隐藏桌面图标

如果想要临时隐藏所有桌面图标，而实际并不删除它们。用户可将鼠标指针移动至桌面空白处，右击打开快捷菜单，然后单击选择"查看"→"显示桌面图标"命令，并从打开的菜单列表中清除复选标记，此时桌面上不再显示任何图标，如图 2.8 所示。

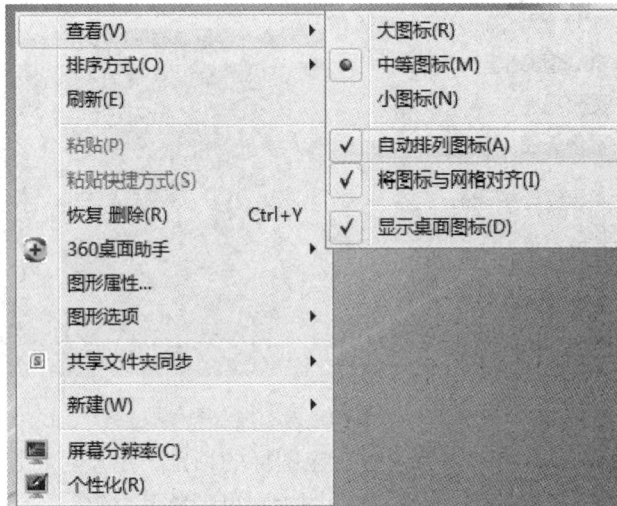

图 2.8　取消"显示桌面图标"

用户若想取消隐藏桌面图标，可通过再次单击"显示桌面图标"命令来显示图标。

任务 3　设置系统图标

桌面系统图标包括 "网络""回收站""计算机"，将其添加到桌面的步骤如下。

(1) 将鼠标指针移动至桌面空白区域，右击打开快捷菜单，然后单击选择"个性化"命令，此时将打开"个性化"窗口。

(2) 打开"个性化"窗口后，单击"更改桌面图标"命令，打开"桌面图标设置"对话框。

(3) 在"桌面图标设置"对话框中，选中要添加到桌面的图标对应的复选框，然后单击"确定"按钮即可。

任务 4　添加快捷方式

若桌面上的图标左下角有一个小箭头，则表明此图标是一个快捷方式。快捷方式是

Windows 提供的一种快速启动程序、打开文件或文件夹的方法，它是应用程序的快速链接。双击快捷方式便可以打开此项目。如果删除快捷方式，则不会删除原始项目。

项目 3　使用鼠标和键盘，设置输入法

任务 1　熟悉鼠标和键盘

鼠标和键盘属于计算机的外部设备。

1. 鼠标

鼠标是计算机输入设备，分为有线和无线 2 种。鼠标也是计算机显示系统纵横坐标定位的指示器。鼠标通过鼠标线与主机设备后面板的接口相连，将鼠标线末端的插头垂直插入设备后面板中的接口。鼠标有 5 种基本操作，包括指向、单击、双击、拖动、右击。

(1) 指向：在不按鼠标按键的情况下，移动鼠标，其鼠标指针会移动至预期的位置。

(2) 单击：快速按下鼠标左键并立即松开。

(3) 双击：快速按下并立即松开鼠标左键 2 次，常用于打开应用程序、打开文件、打开文件夹等。

(4) 拖动：将鼠标指针移动至要拖动的对象，按住鼠标左键选中此对象，然后长按鼠标左键并同时拖动。

(5) 右击：快速按下并松开鼠标右键，此时将打开快捷菜单。

2. 键盘

1) 键盘分区

键盘是用于操作计算机设备运行的一种指令和数据输入装置，是最常用也是最主要的输入设备。

常用的键盘有 107 个键，分为主键盘区、功能键区、光标控制键区、小键盘区、状态指示区，如图 2.9 所示。

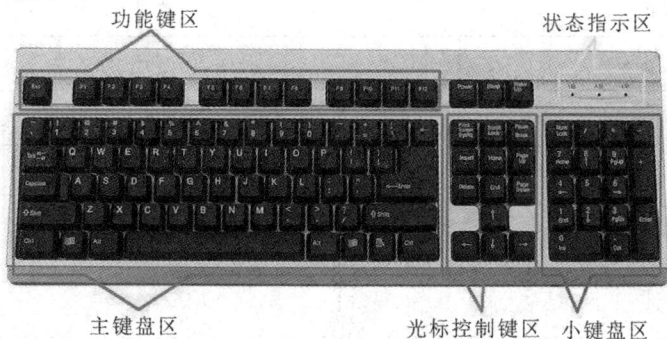

图 2.9　键盘分区

2) 常用键功能

通过键盘可以将英文字母、汉字、数字、标点符号等输入计算机中，从而向计算机发

出命令、输入数据等。为了提高效率，用户需熟悉部分常用键、常用快捷键的功能，如表2.1、表2.2所示。

表2.1　常用键及其功能

控制键	名　称	功 能 说 明
Enter	回车键	输入一行命令或信息后，按一下该键表示本行结束；如果输入的是完成某项工作的命令，按一下后计算机就开始执行这个命令
CapsLock	大写锁定键	计算机刚启动时，默认的英文字母是小写状态，按一下该键，字母键进入大写状态；再按下该键，字母键进入小写状态
Shift	换挡键	按住此键不放，再按双字键，就输入该键上面的字符；否则输入下面的字符
Backspace	退格键	按一次退格键，删除光标所在位置的前一个字符，光标前移一位
Tab	制表键	按一次该键，光标就移过几个字符位，此键适于制表
Ctrl	控制键	常与其他键组合使用，起到某种控制作用
Alt	转换键	常与字母键及F1、F2等功能键配合使用
Esc	退出键	在大多数的软件系统中用于取消当前的操作
Space	空格键	按一下该键，输入一个空格

表2.2　常用快捷键及其功能

快捷键	功 能 说 明
Ctrl + A	选中全部内容
Ctrl + C	复制
Ctrl + X	剪切
Ctrl + V	粘贴
Ctrl + Z	撤消
Ctrl + S	保存当前操作的文件
Alt + Tab	在打开的项目之间切换

任务2　设置输入法

1. 输入法概述

输入法是指为将各种符号输入电子信息设备(如计算机、手机)而采用的编码方法。在我国，为了将汉字输入计算机或手机等电子设备则需要中文输入法。汉字输入的编码方法，基本上都是按照音、形、义完成汉字的输入的。

中文输入法的编码种类繁多，归纳起来共有拼音编码、形码、音形结合码三大类。

1) 拼音输入法

拼音输入法采用汉语拼音作为编码方法，包括全拼输入法和双拼输入法。

2) 形码输入法

形码输入法是依据汉字字形，如笔画或汉字部件进行编码的方法。计算机上广泛使用的有五笔字型输入法、郑码输入法。

3) 音形码输入法

音形码输入法是以拼音(通常为拼音首字母或双拼)加上汉字笔画或者偏旁为编码方式的输入法，包括音形码和形音码两类。代表输入法有二笔输入法、自然码和拼音之星输入法等。

2. 输入法的设置

计算机一般自带输入法，用户也可根据个人需求下载输入法程序并进行安装。用户可对计算机默认的输入法以及输入法的顺序进行设置。设置输入法的步骤如下。

(1) 单击计算机左下角"开始"菜单，选择"控制面板"命令，打开"控制面板"窗口，如图 2.10 所示。

图 2.10　打开"控制面板"窗口

(2) 在打开的"控制面板"窗口中，选择"区域和语言"选项，打开"区域和语言"对话框。

(3) 在"区域和语言"对话框中，打开"键盘和语言"选项卡，如图 2.11 所示，然后单击"更改键盘"按钮，打开"文本服务和输入语言"对话框。

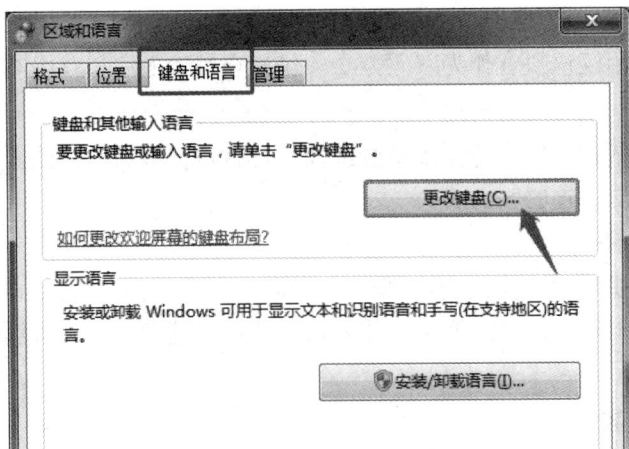

图 2.11　"键盘和语言"选项卡

(4) 在"文本服务和输入语言"对话框中，对"默认输入语言"进行设置，用户也可对已安装的输入法进行添加或删除，设置好后，单击"确定"按钮即可。

任务 3　切 换 输 入 法

通过键盘可以将英文字母、汉字、数字、标点符号等输入计算机中，一般计算机默认按〈Ctrl + Shift〉快捷键可对输入法进行切换。用户也可根据个人需求对切换输入法的快捷键进行设置，具体操作如下：

(1) 单击计算机左下角"开始"菜单，选择"控制面板"命令，打开"控制面板"窗口。

(2) 在打开的"控制面板"窗口中，选择"区域和语言"选项，打开"区域和语言"对话框。

(3) 在"区域和语言"对话框中，打开"键盘和语言"选项卡，然后单击"更改键盘"按钮，打开"文本服务和输入语言"对话框，如图 2.12 所示。

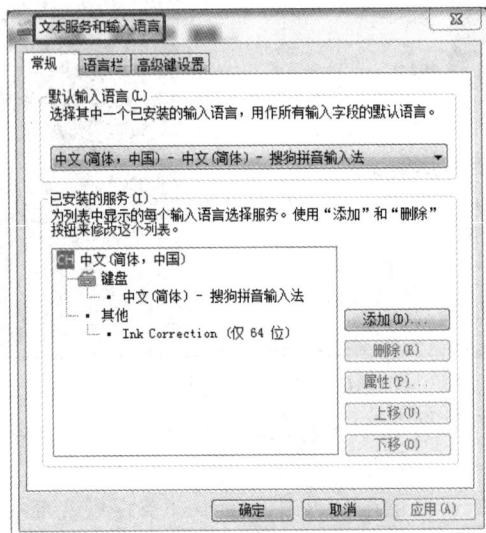

图 2.12　"文本服务和输入语言"对话框

(4) 在"文本服务和输入语言"对话框中，选择"高级键设置"选项卡，在"输入语言的热键"选项组中选中需要切换的输入法，然后单击"更改按键顺序"按钮，打开"更改按键顺序"对话框，此时用户可根据个人需求对按键顺序进行设置，如图 2.13、图 2.14 所示。

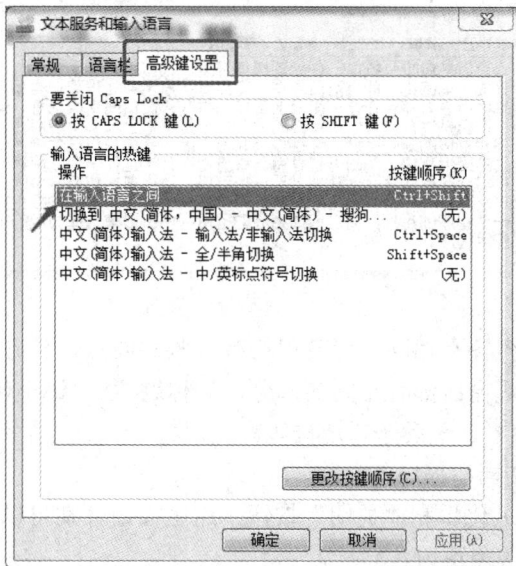

图 2.13　"高级键设置"选项卡

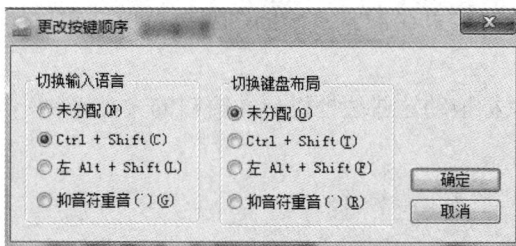

图 2.14　设置按键顺序

项目 4　认识窗口、对话框与"开始"菜单

任务 1　认识并使用窗口

1. 窗口概述

窗口是微机系统中一种新的操作环境。把微机的显示屏幕划分成许多的框，即为窗口，每个窗口负责显示和处理某一类信息。用户可随意在任一窗口上工作，并在各窗口间交换信息。

窗口是用户界面中最重要的部分，它是屏幕上与一个应用程序相对应的矩形区域，包括框架和客户区，是用户与产生该窗口的应用程序之间的可视界面。每当用户开始运行一个应用程序时，应用程序就创建并显示一个窗口；当用户操作窗口中的对象时，程序会作出相应反应。用户通过关闭一个窗口来终止一个程序的运行；通过选择相应的应用程序窗口来选择相应的应用程序。典型的窗口如图 2.15 所示。

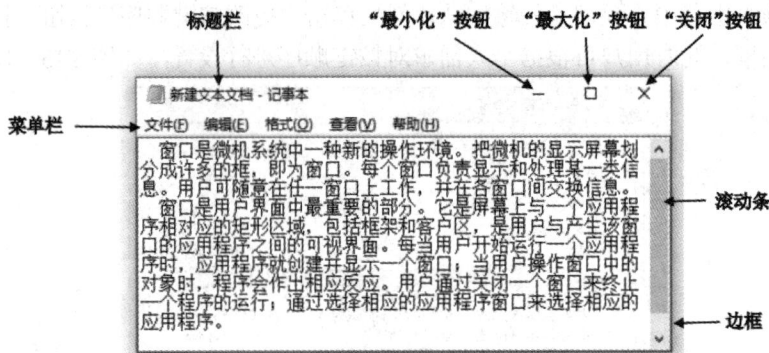

图 2.15　典型窗口示例

虽然每个窗口的内容各不相同，但窗口均有一些共同点，一方面是窗口始终显示在桌面上，另一方面是大多数窗口都有相同的部分，如标题栏、"最小化"按钮、"最大化"按钮、"关闭"按钮、菜单栏、滚动条、边框等。

(1) 标题栏：显示文档和程序的名称。

(2) "最小化""最大化"和"关闭"按钮：这些按钮分别可以隐藏窗口、放大窗口使其填充整个屏幕，以及关闭窗口。

(3) 菜单栏：包含程序中可选择的操作命令。

(4) 滚动条：包括水平滚动条和垂直滚动条，可以滚动窗口的内容以查看当前视图之外的信息。

(5) 边框：可以用鼠标拖动这些边框以更改窗口的大小。

2. 窗口的使用

1) 更改窗口大小

(1) 鼠标拖动窗口。

若要调整窗口的大小(使其变小或变大)，可将鼠标指向窗口的任意边框或角，当鼠标指针变成双箭头时，拖动边框或角可以缩小或放大窗口。

(2) 最小化/还原窗口。

单击窗口中的"最小化"按钮，即可将当前窗口最小化到任务栏中，只在任务栏上显示为按钮。单击任务栏上的按钮将还原窗口，如图 2.16 所示。

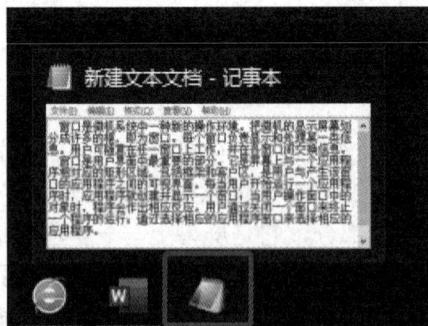

图 2.16　最小化/还原窗口

(3) 最大化/还原窗口。

单击"最大化"按钮，可使窗口填满整个屏幕；单击"还原"按钮，可将最大化的窗口还原到以前大小，如图 2.17 所示。("还原"按钮出现在"最大化"按钮的位置上)。

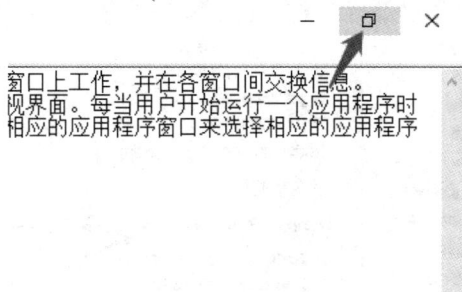

窗口上工作，并在各窗口间交换信息。
视界面。每当用户开始运行一个应用程序时
相应的应用程序窗口来选择相应的应用程序

图 2.17　最大化/还原窗口

2) 关闭窗口

单击"关闭"按钮，即可将当前窗口关闭。

3) 移动窗口

用鼠标指针指向窗口标题栏，然后长按鼠标左键，同时将窗口拖动到目标位置。

4) 切换窗口

单击任务栏上某按钮，其对应窗口将出现在其他所有窗口的前面，成为活动窗口。此时单击要切换的窗口即可打开对应窗口，如图 2.18 所示。

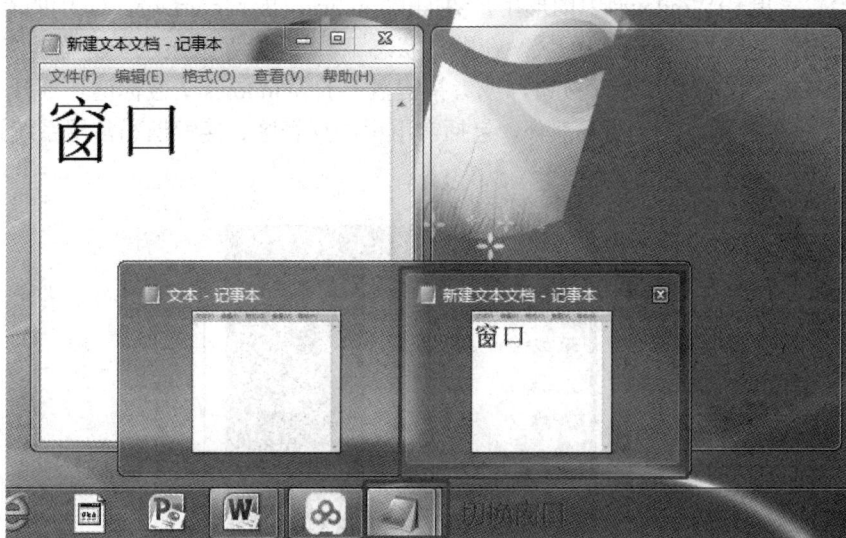

图 2.18　切换窗口

任务 2　了解对话框

对话框是一种特殊的窗口，是人机交流的一种方式，用户对对话框进行设置，计算机就会执行相应的命令。对话框中有选项卡、单选框、复选框、按钮等，典型的对话框如图 2.19 所示。

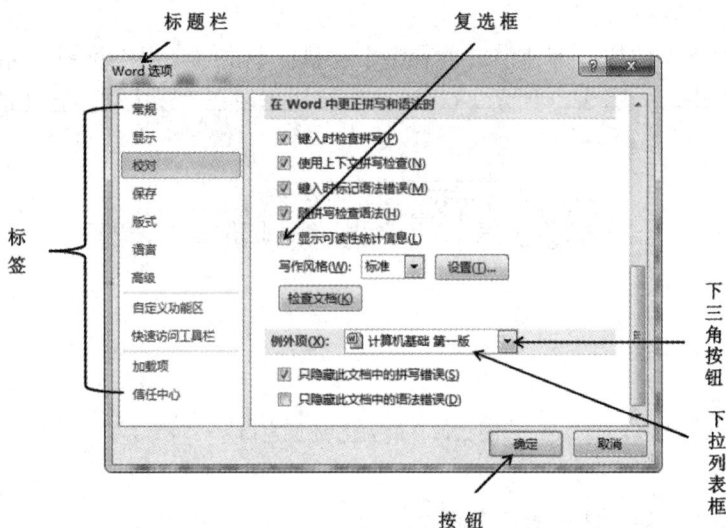

图 2.19　典型的对话框

任务 3　认识并使用 "开始" 菜单

1. "开始" 菜单概述

"开始" 菜单是 Windows 中图形用户界面(Graphical User Interface，GUI)的基本部分，可以称为是操作系统的中央控制区域。在默认状态下，"开始" 按钮位于屏幕的左下方。

单击屏幕左下角的 "开始" 按钮，或者按键盘上的 Windows 7 徽标键，打开 "开始" 菜单。"开始" 菜单分为 3 个基本部分，包括常用程序列表区、搜索框和常用系统设置功能区，如图 2.20 所示。

图 2.20　"开始" 菜单

1) 常用程序列表区

Windows7 操作系统会根据用户使用软件的频率，自动把最常用的软件罗列在此处。单击菜单中的"所有程序"选项可显示程序的完整列表。

2) 搜索框

左边窗格的底部是搜索框，通过键入搜索项可在计算机上查找程序和文件。

3) 常用系统设置功能区

常用系统设置功能区主要显示一些 Windows 7 操作系统经常用到的系统功能。该区域底部有一个"关机"按钮，用于注销、关闭或重启计算机。

2. "开始"菜单的使用

1) 从"开始"菜单打开程序

"开始"菜单最常用的一个用途是打开计算机上安装的程序。用户可在"开始"菜单中的常用程序列表区查找要打开的程序。要查找此计算机安装的所有程序，用户可单击常用程序列表区底部的"所有程序"选项，然后单击某个程序的图标即可启动该程序。

2) 使用搜索框

通过搜索框搜索是在计算机上查找项目的便捷方法之一。用户可在搜索框中输入程序或文档名称的关键词，此时将搜索出与之匹配的程序、文档、图片等内容。

项目 5　管理文件和文件夹资源

任务 1　了解文件管理

文件是具有文件名的一组相关信息的集合。在计算机系统中，所有的程序和数据都是以文件的形式存放在计算机的外部存储器(如硬盘、U 盘等)上的。例如，一个 C 语言源程序、一个 Word 文档、一张图片、一段视频、各种可执行程序等都是文件。

文件管理是操作系统中一项重要的功能，在操作系统中负责存取和管理文件信息。文件系统对文件存储器的存储空间进行组织、分配和回收，负责文件的存储、检索、共享和保护。从用户角度来看，文件系统主要是实现"按名取存"，文件系统的用户只要知道所需文件的文件名，就可存取文件中的信息，而无须知道这些文件究竟存放在什么地方。

任务 2　查看文件与文件夹

对文件进行管理操作之前，必须打开相应的文件夹窗口。在 Windows 7 中，是通过资源管理器打开各个文件夹窗口，并在窗口中进行浏览、管理文件与文件夹的操作的。

1. 查看计算机中的磁盘

计算机中的文件与文件夹都是保存在各个磁盘分区中的，双击桌面图标"计算机"，打开"计算机"窗口，窗口中显示了所有磁盘分区、分区容量及可用空间等信息，如图 2.21 所示。

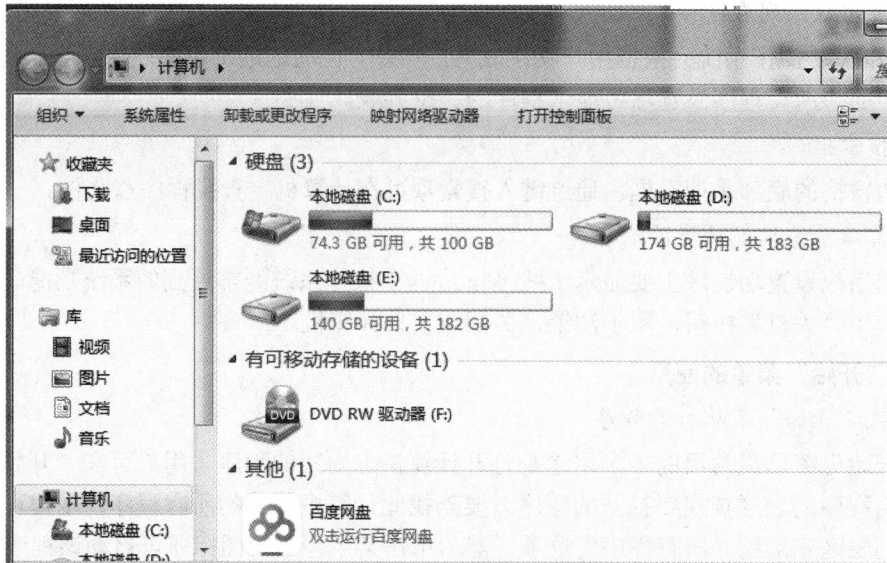

图 2.21　计算机分区

打开"计算机"窗口后，双击某个磁盘图标，即可进入磁盘，浏览其中的文件与文件夹。

2. 调整查看方式

在浏览过程中，单击窗口工具栏中的"视图"按钮，可对布局、窗格、排序方式等进行设置。图 2.22 所示是"视图"按钮的下拉菜单，其中列出了多种视图模式。

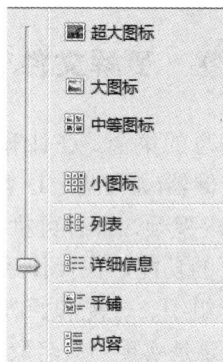

图 2.22　"视图"下拉菜单

任务 3　管理文件与文件夹

管理文件与文件夹包括新建文件夹、文件/文件夹重命名、移动文件/文件夹、复制和粘贴文件/文件夹、删除文件/文件夹等。

1. 选取文件或文件夹

在窗口中对文件或文件夹进行任何操作之前，都需先进行选取操作。选取操作有以下4 种。

(1) 单选：单击要选取的文件或文件夹。

(2) 连续多选：按住鼠标左键拖动指针进行框选，或者按住<Shift>键依次单击头尾两个文件或文件夹。

(3) 不连续多选：按住<Ctrl>键再逐个单击所需的文件或文件夹。

(4) 全选：按住鼠标左键拖动指针进行框选或按快捷键<Ctrl + A>进行全选。

2. 新建文件夹

用户可先选取要放新建文件夹的磁盘，然后右击打开快捷菜单，并在快捷菜单中单击选择"新建"→"文件夹"命令。

3. 文件/文件夹重命名

在进行文件/文件夹重命名前，用户需先单击选中要重命名的文件/文件夹，然后右击打开快捷菜单，并在快捷菜单中单击选择"重命名"命令，最后输入新的名称并按<Enter>键。

4. 移动文件/文件夹

移动就是将文件/文件夹从一个位置移动至另一个位置，移动后，原位置上的文件/文件夹就不存在了。具体操作如下：选中需要移动的文件/文件夹，右击，在弹出的快捷菜单中选择"剪切"命令(或按快捷键<Ctrl + X>)；然后打开文件/文件夹要存放的窗口，右击，在弹出的快捷菜单中选择"粘贴"命令(或按快捷键<Ctrl + V>)。

5. 复制和粘贴文件/文件夹

复制就是将文件/文件夹从一个位置复制至另一个位置，复制后，原位置上的文件/文件夹仍存在。具体操作如下：选中需要复制的文件/文件夹，右击，在弹出的快捷菜单中选择"复制"命令(或按快捷键<Ctrl + C>)；然后打开文件/文件夹要存放的窗口，右击，在弹出的快捷菜单中选择"粘贴"命令(或按快捷键<Ctrl + V>)。

6. 删除文件/文件夹

选中要删除的文件/文件夹，右击，在弹出的快捷菜单中选择"删除"命令，或者按<Delete>键可将内容删除到回收站。如果需要彻底删除文件/文件夹，可使用快捷键<Shift + Delete>。

任务 4　搜索文件与文件夹

若用户不记得文件/文件夹保存的位置或全部名称时，可以利用 Windows7 操作系统的查找功能快速定位，具体有以下两种方法。

1. 使用"开始"菜单中的搜索框查找

用户可以利用"开始"菜单最下方的搜索框来查找文件、文件夹、程序等，具体操作如下：

(1) 单击"开始"按钮，打开"开始"菜单，然后在搜索框中键入字词或字词的一部分。

(2) 键入后，与所键入文本相匹配的项将出现在"开始"菜单上，如图 2.23 所示。

图 2.23　搜索结果

2. 在文件夹或库中使用搜索框来查找

通常用户可能知道要查找的文件位于某个特定文件夹或磁盘中,为了节省时间和精力,可使用已打开窗口顶部的搜索框,在搜索框中键入字词或字词的一部分进行查找,如图 2.24所示。

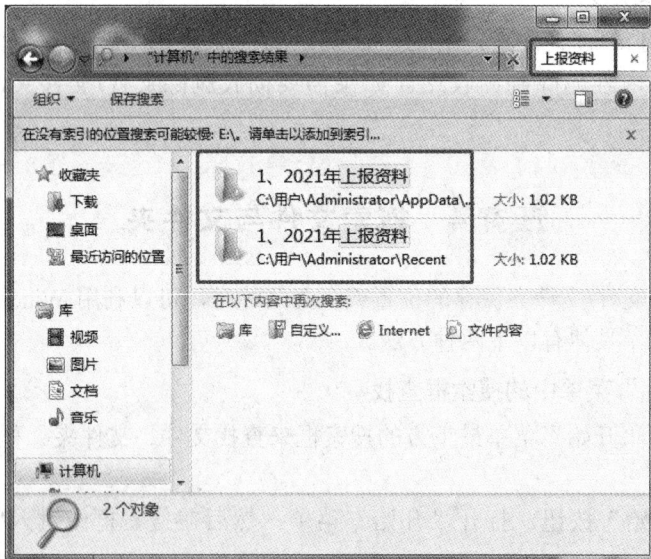

图 2.24　搜索结果

任务 5　熟悉文件与文件夹的高级管理

文件与文件夹的高级管理包括查看文件/文件夹信息、隐藏文件/文件夹、隐藏文件扩展名等操作。

1. 查看文件/文件夹信息

在管理计算机文件的过程中，经常需要查看文件/文件夹的详细信息，以进一步了解文件详情，如文件类型、打开方式、文件大小、存放位置以及创建与修改时间等信息。对于文件夹，则需要查看其中包含的文件和子文件夹的数量。

具体操作如下：

(1) 选中要查看的文件或文件夹图标，右击，打开快捷菜单。

(2) 选择"属性"命令，打开属性对话框，在"常规"选项卡中即可查看文件/文件夹的详细属性，如图 2.25 所示。

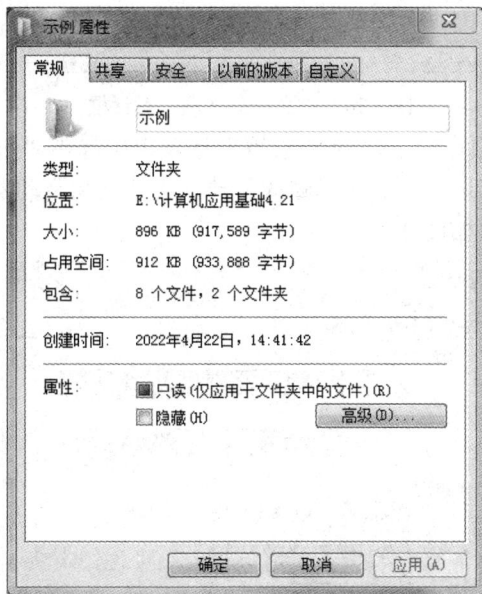

图 2.25　文件夹属性

2. 隐藏文件/文件夹

对于计算机中的重要文件或文件夹，为了防止被其他用户所查看或修改，可以将其隐藏起来，隐藏后所有计算机用户都无法看到被隐藏的文件或文件夹。隐藏文件夹时，还可以选择仅隐藏文件夹，或者将文件夹中的文件与子文件夹一同隐藏。

具体操作如下：

(1) 在文件夹窗口选中要查看的文件或文件夹图标，右击，打开快捷菜单。

(2) 选择"属性"命令，打开属性对话框。

(3) 在"常规"选项卡中选中"隐藏"复选框，单击"确定"按钮。

(4) 返回文件夹窗口，单击工具栏中的"组织"按钮，在其下拉列表中选择"文件夹和搜索选项"，打开"文件夹选项"对话框，如图 2.26 所示。

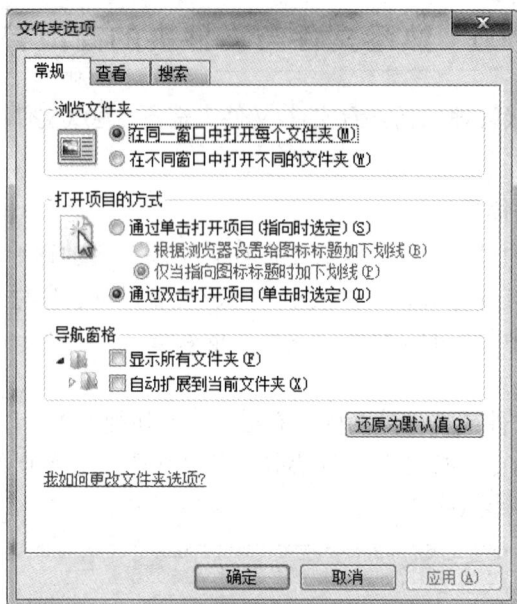

图 2.26　"文件夹选项"对话框

(5) 选择"查看"选项卡，在"高级设置"选项组中选中"不显示隐藏的文件、文件夹或驱动器"单选按钮(若选中"显示隐藏的文件、文件夹和驱动器"单选按钮，则选择显示隐藏的文件或文件夹)，如图 2.27 所示。

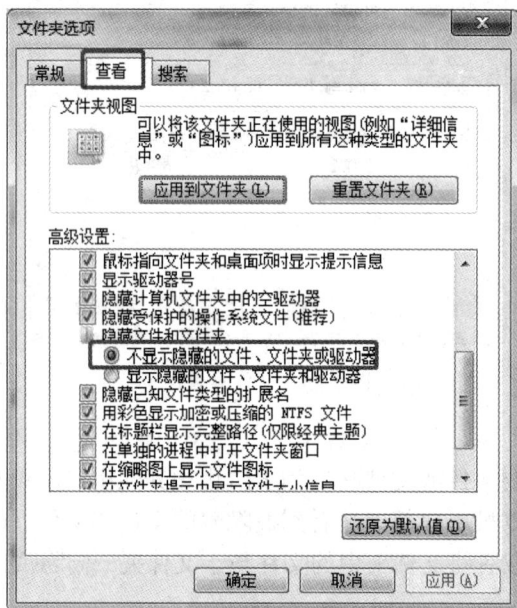

图 2.27　高级设置

(6) 单击"应用"或"确定"按钮。

(7) 返回文件夹窗口，再进入磁盘中查看文件时，用户就无法查看具有隐藏属性的文件或文件夹了。

3. 隐藏文件扩展名

每个类型的文件都有各自的扩展名，因为可以根据文件的图标辨识文件类型，所以 Windows 7 默认是不显示文件的扩展名的，这样可防止用户误改扩展名而导致文件不可用。如果用户需要查看或修改扩展名，可以通过设置将文件的扩展名显示出来。

具体操作如下：

(1) 在任一文件夹窗口中单击工具栏中的"组织"按钮，打开其下拉列表。

(2) 选择"文件夹和搜索选项"，打开"文件夹选项"对话框。

(3) 选择"查看"选项卡。

(4) 在"高级设置"选项组中选中"隐藏已知文件类型的扩展名"复选框(若取消该复选框，则选择显示)。

(5) 单击"应用"或"确定"按钮。

(6) 返回文件夹窗口，再进入磁盘中查看文件时，就可查看文件扩展名了。

任务6　管理回收站

当用户对文件/文件夹进行删除操作后，它们并没有从计算机中直接被删除，而是保存在回收站中。对于误删的文件/文件夹，可以随时通过回收站恢复；对于确认无用的文件，用户可再从回收站彻底删除。

1. 恢复删除的文件/文件夹

用户可双击桌面的"回收站"图标，打开"回收站"窗口，选中要恢复的文件/文件夹，然后右击，打开快捷菜单，选择"还原"命令，此时文件/文件夹将还原至其被删除前的所在位置。

用户也可按快捷键<Ctrl + Z>撤销删除操作，这时上一步的操作将恢复。若上一步删除了一个文件，则此时按<Ctrl + Z>快捷键，被删除的文件将恢复至其原来的位置。

2. 彻底删除文件/文件夹

用户可对无用的文件/文件夹进行彻底删除。

打开"回收站"窗口，选中要删除的文件/文件夹，右击，在弹出的快捷菜单中选择"删除"命令，此时被选中的文件/文件夹将被彻底删除。

用户若要彻底删除回收站的所有文件/文件夹，可单击工具栏中的"清空回收站"按钮，在弹出的删除文件提示框中单击"是"按钮，如图 2.28 所示。

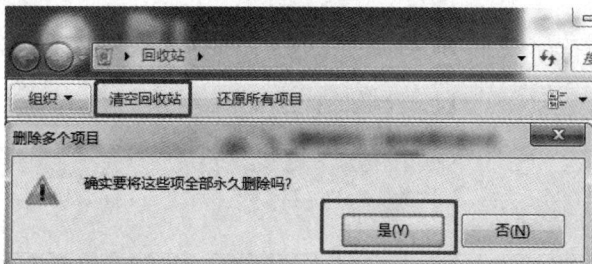

图 2.28　清空回收站

项目6　管理应用程序和硬件设备

任务1　安装与管理应用程序

1. 安装应用程序

Windows 7 操作系统中的应用程序非常多，每款应用程序的安装方式都各不相同，但是安装过程中的几个基本环节都是一样的，具体如下：

(1) 选择安装路径。

(2) 阅读许可协议。

(3) 选择附加选项。

(4) 选择安装组件。

2. 管理已安装的应用程序

通过"开始"菜单打开"控制面板"窗口，然后打开"程序与功能"窗口，此时用户可以查看当前系统中已安装的应用程序，同时还可以对其进行更改和卸载操作，如图 2.29 所示。

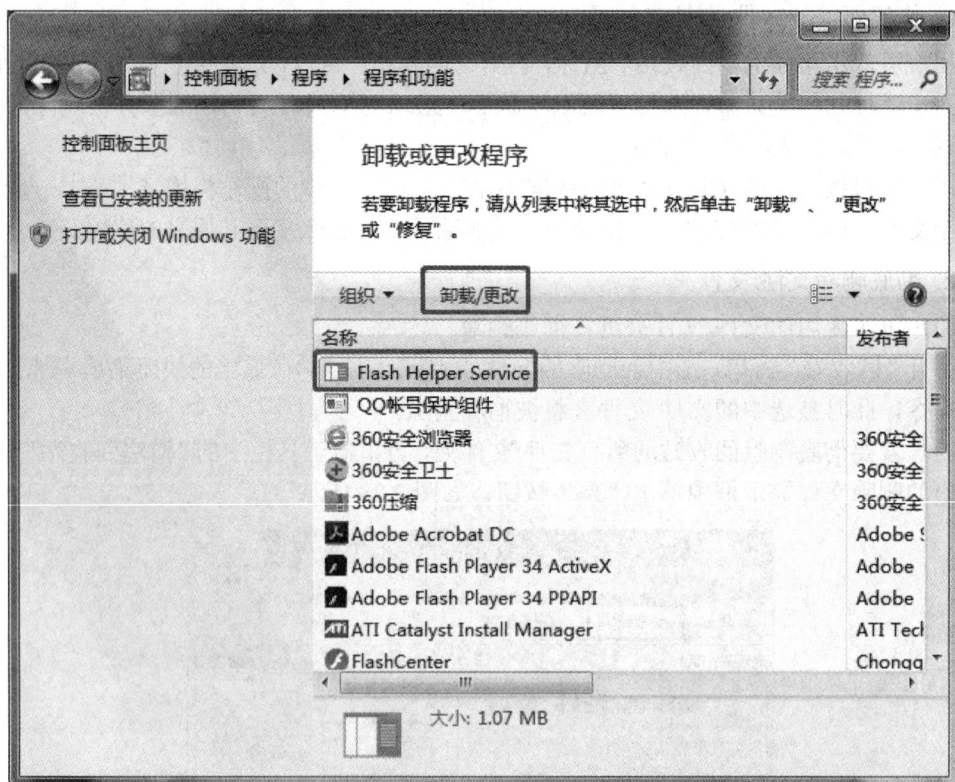

图 2.29　卸载或更改程序

任务 2　管理硬件设备

设备管理包括添加或删除打印机、调整显示器分辨率、更改系统声音、节省电源等，是管理查看计算机内部和外部硬件设备的系统管理工具。

1. 设备管理器

使用设备管理器，可以查看和更新计算机上安装的设备驱动程序，查看硬件是否正常工作及修改硬件设置。

在"开始"菜单中打开"控制面板"窗口，单击"硬件和声音"按钮打开相应窗口。然后单击"设备和打印机"下的"设备管理器"文字链接，打开相应的窗口，如图 2.30 所示。窗口中列出了本机的所有硬件设备，通过菜单上的功能菜单可以对它们进行相应的管理。

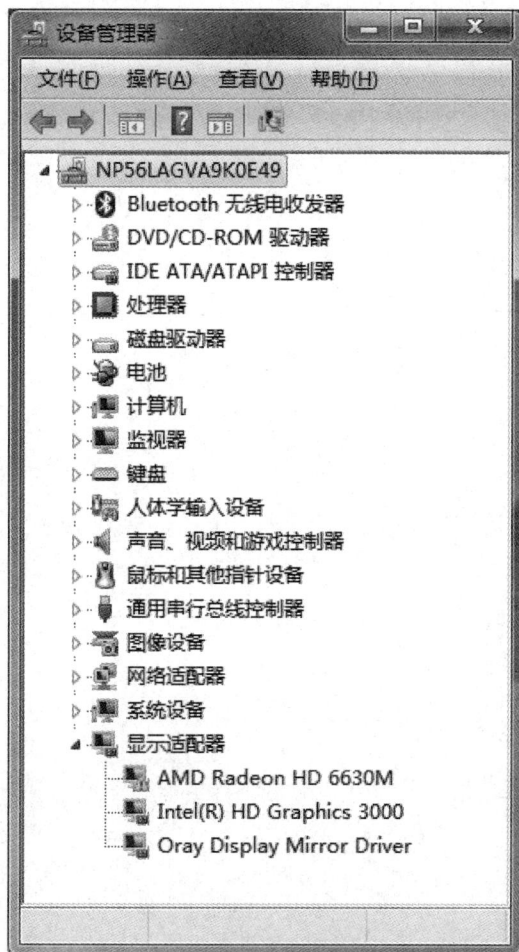

图 2.30　"设备管理器"窗口

2. 调整显示器分辨率

分辨率就是屏幕上显示的像素个数，分辨率越高，像素的数值越大。在屏幕尺寸一样的情况下，分辨率越高，显示效果就越精细和细腻。

在刚安装好操作系统后，Windows 7 系统会自动为显示器设置正确的分辨率，如果需要检查或者手动更改当前屏幕的分辨率，则采用如下操作步骤。

(1)将鼠标指针移动至桌面空白处，右击，打开快捷菜单。

(2)选择快捷菜单中的"屏幕分辨率"选项，打开"屏幕分辨率"窗口。

(3)在"屏幕分辨率"窗口中打开"分辨率"下拉列表框，用户可根据个人需求对显示器分辨率进行设置。

模块 3

Word 2016 文字处理软件

项目 1　熟悉 Word 2016 的基本操作

任务 1　了解 Word 2016

Word 2016 也称 Microsoft Word 2016，此软件主要用于文字处理，用户可以使用此软件进行简单的文字处理、制作标准的文档，还可进行长文档的编排。其主要包括强大的文字输入和文字处理能力、表格制作、文本批注、页眉页码设计、图文编排、文本查找审阅、文档的排版等功能。

Word 2016 在旧版本的基础上，增加了屏幕截图、垂直、翻页、图标、学习工具、搜索框等功能。

任务 2　新建和保存 Word 2016 文档

1. 新建文档

新建 Word 2016 文档有以下 2 种方式。

(1)选中要存放此文档的文件夹，然后右击，在弹出的快捷菜单中，选择"新建"→"Microsoft Word 文档"命令，即可新建文档。同时，用户可根据个人需求对新建的文档进行重命名。

(2) 在"开始"菜单中，打开 Word 程序，或双击桌面 Word 程序图标，打开 Word 2016 程序，打开后的界面如图 3.1 所示。选择"新建"→"空白文档"命令，此时文档新建完成。

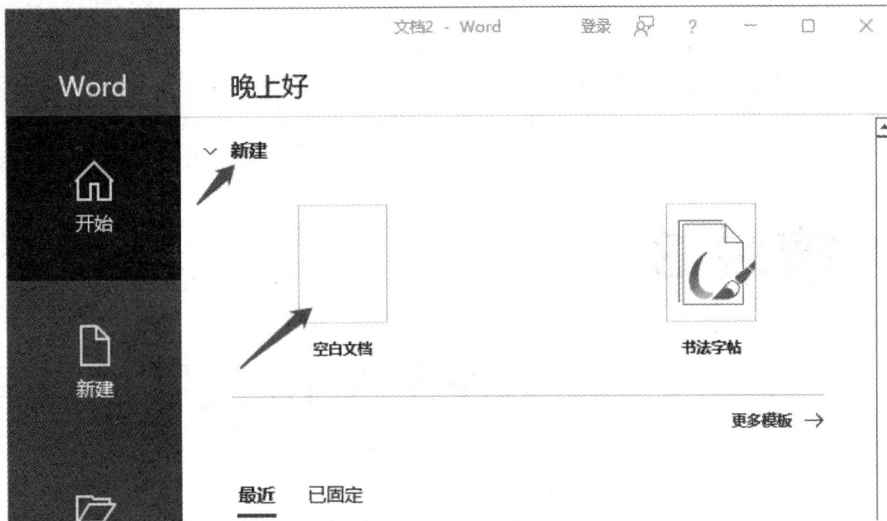

图 3.1　新建文档

2. 保存文档

之前介绍的通过"开始"菜单，打开 Word 程序这种方式新建的文档是需要保存的，若不保存则此文档关闭后将不存在。此时的保存文档也为另存文档，因为此文档未确定存放位置。

而通过右击利用快捷菜单新建的文档不需要保存，因为在新建之前已确定此文档存放位置，文档已存在。

在实际操作中，用户对已有文档进行修订，并想保存最新的文档内容且替换原有文档时，则可直接单击 Word 窗口最左上角的"保存"按钮，如图 3.2 所示。

图 3.2　保存文档

任务3　另存文档

实际操作中有多种情况会涉及另存文档，主要包括以下 3 种情况。

(1) 通过"开始"菜单，打开 Word 程序，新建的文档。

（2）文档已保存，用户对文档进行修订后，不替换原有文档，使修订后的文档和原有文档同时保存。

（3）用户想更换目前文档的保存类型，此时也可能会涉及另存文档。

另存文档步骤如下。

单击 Word 窗口左上角的"文件"按钮，然后选择"另存为"→"浏览"命令，如图3.3 所示。然后在弹出的"另存为"对话框中，确定另存的文件名、保存类型，在"导航窗格"中确认文档存储位置等信息，单击"保存"按钮即可，如图3.4 所示。

图 3.3　另存文档设置

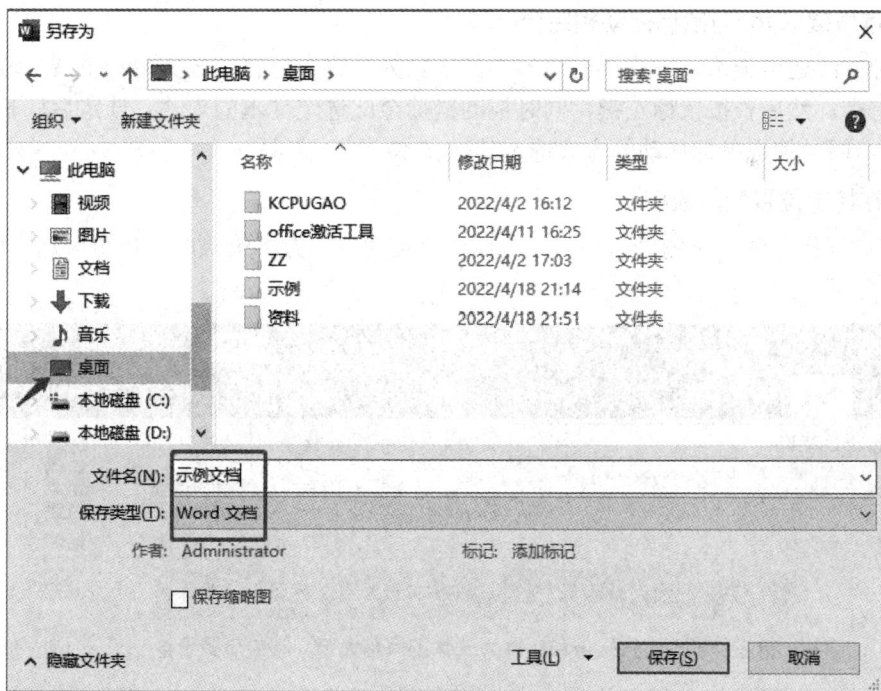

图 3.4　另存文档

任务4　选定文本

选定文本即选中部分或者全部的文本，以便进行格式设置或文字处理等。选定文本的方法主要有以下4种。

1. 鼠标拖动

将光标移动至要选定的文本首字，然后长按鼠标左键，同时拖动鼠标至选定文本的末端，如图3.5所示。此种方法适合选定连续的文本。

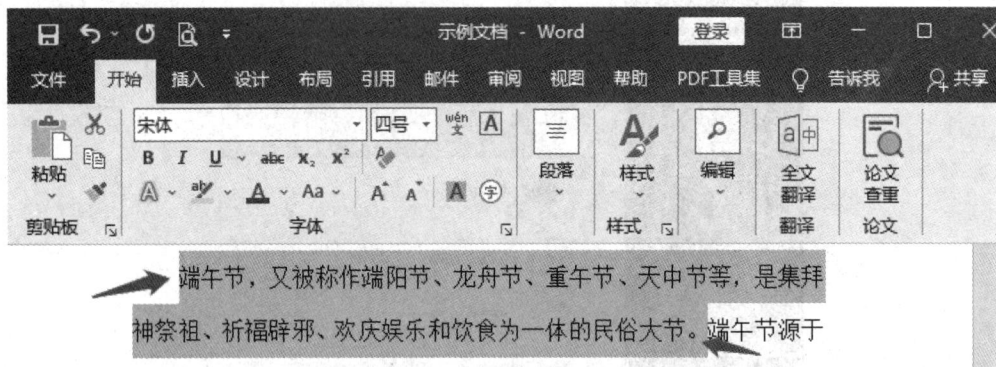

图 3.5　使用鼠标拖动方式选定文本

2. 使用快捷键〈Ctrl + A〉

打开对应文档，按〈Ctrl + A〉快捷键，此时将选定整个文档。

3. 常用键〈Ctrl〉与鼠标拖动相结合

此种方法适用于选定不连续的文本。其步骤为，将光标移动至其中一个或一段要选定的文本首字，然后长按鼠标左键，同时拖动鼠标至此选定文本的末端。选定后，长按常用键〈Ctrl〉，同时使用鼠标拖动的方式选定其他文本。

4. 在特定位置使用鼠标

(1) 鼠标指针停在左侧页边外沿，指针变为指向右上方的箭头时，单击可选定所在行，如图3.6所示。

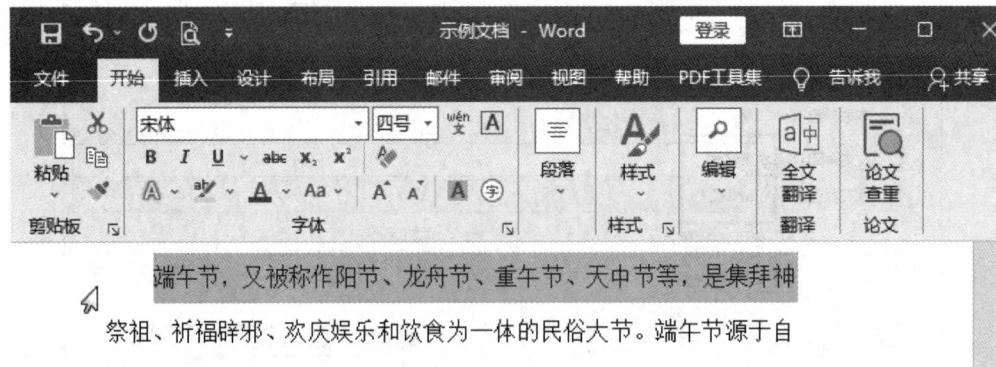

图 3.6　选定所在行

(2) 鼠标指针停在左侧页边外沿，指针变为指向右上方的箭头时，双击可选定所在段。

(3) 鼠标指针停在左侧页边外沿，指针变为指向右上方的箭头时，三击鼠标左键可选定整篇文档。

任务 5　复制和移动文本

1. 复制文本

复制文本主要有以下 2 种方法。

1) 使用快捷菜单复制文本

选定要复制的文本，右击，在弹出的快捷菜单中选择"复制"命令，即可复制文本，如图 3.7 所示。

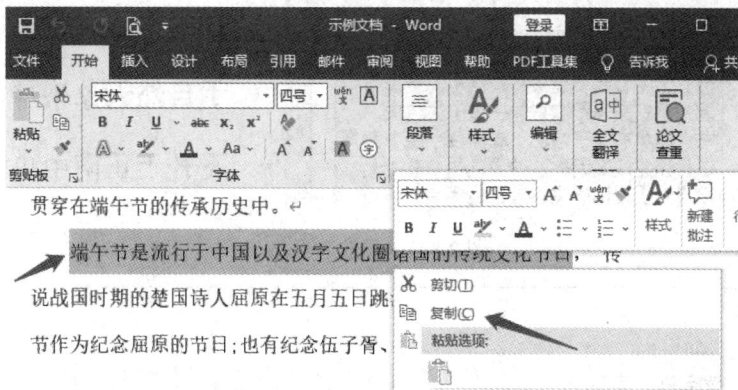

图 3.7　使用快捷菜单复制文本

2) 使用快捷键〈Ctrl + C〉复制文本

选定要复制的文本，按〈Ctrl + C〉快捷键复制文本。

2. 移动文本

移动文本即将选定的文本移动至预期位置，主要有以下 2 种方法。

1) 鼠标拖动

选定要移动的文本，然后长按鼠标左键并将选定的文本拖动至预期位置即可。

2) 剪切 + 粘贴

选定要移动的文本，通过快捷菜单选择"剪切"命令或使用快捷键〈Ctrl + X〉剪切文本。然后将光标移动至预期位置，通过快捷菜单选择"粘贴"命令或使用快捷键〈Ctrl + V〉粘贴文本即可。

任务 6　查找、替换及定位文本

1. 查找文本

用户在实际操作中可能会对文档中某句话或某段进行查找，其主要有以下 2 种方法。

1) 使用工具栏查找

在 Word 窗口中选择菜单栏中的"开始"选项卡，在"编辑"选项组中，单击"查找"右侧的下拉按钮，单击下拉菜单中的"查找"或"高级查找"选项。单机"查找"选项，将打开"导航"窗格。单击"高级查找"选项，将弹出"查找和替换"对话框，用户在搜索框内输入查找的内容即可，如图3.8、图3.9所示。

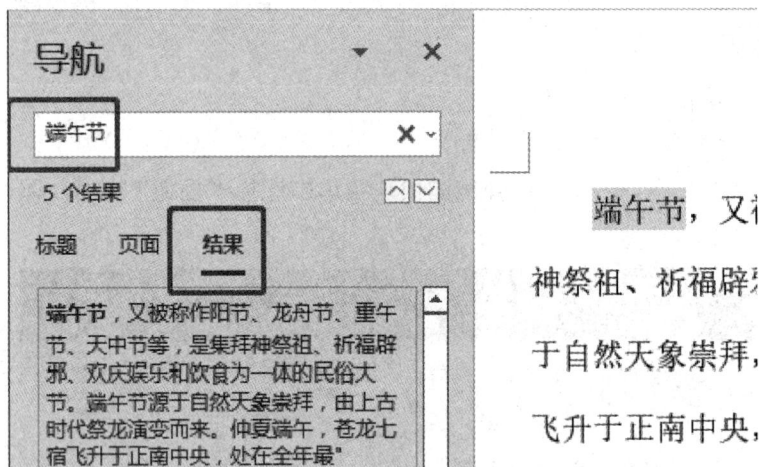

图 3.8 "导航"窗格

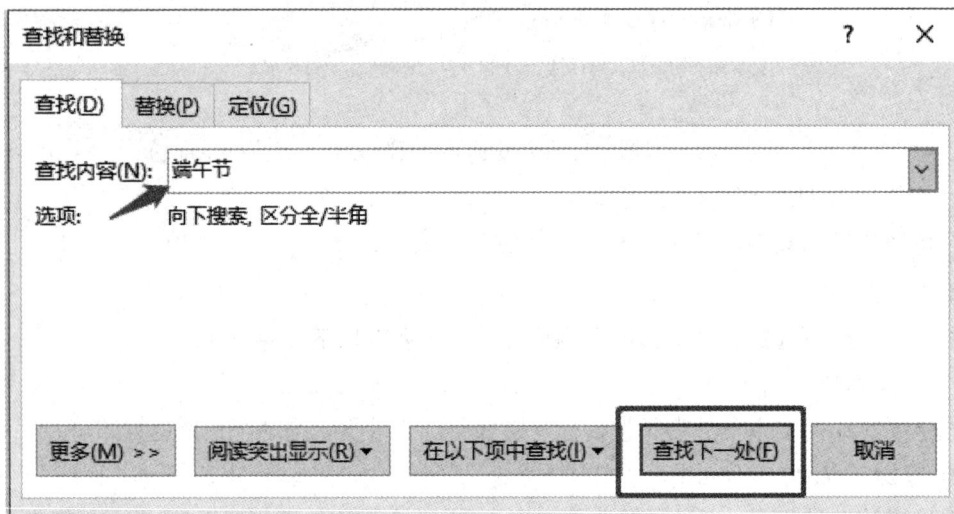

图 3.9 "查找和替换"对话框

2) 使用快捷键〈Ctrl + F〉查找

按快捷键〈Ctrl + F〉，此时将弹出"导航"窗格，用户可以在搜索框内输入需查找文本的关键词，即可对整篇文档进行查找。

2. 替换文本

替换文本可将整篇文档中相同的文本同时替换为其他的文本，无须用户先逐个查找文本，再进行替换，其主要有以下2种方法。

1) 使用工具栏替换

在 Word 窗口中选择"开始"选项卡，在"编辑"选项组中，单击"替换"按钮，如图 3.10 所示。此时将打开"查找和替换"对话框，用户在对应搜索框内输入查找的内容和替换后的内容即可，如图 3.11 所示。

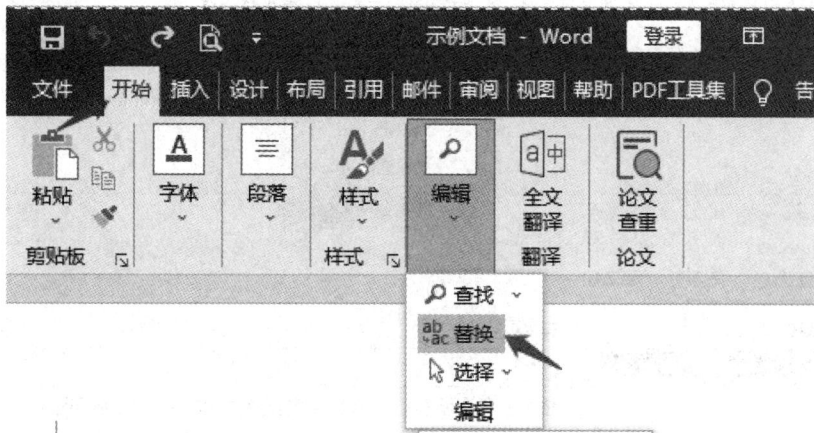

图 3.10　使用工具栏替换文本

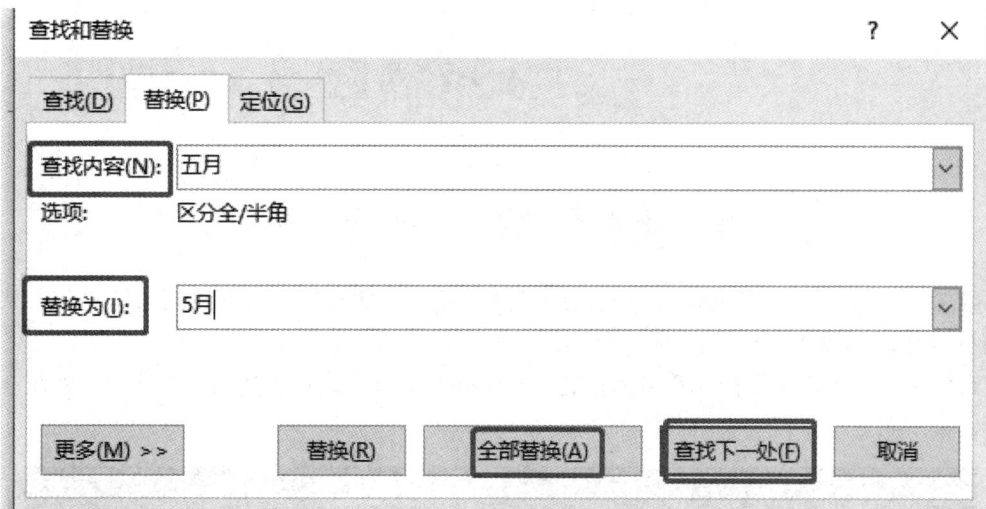

图 3.11　替换文本

2) 使用快捷键〈Ctrl + H〉替换

按快捷键〈Ctrl + H〉，此时将弹出"查找和替换"对话框。用户在对应搜索框内输入查找的内容和替换后的内容即可。

3. 定位文本

在 Word 窗口中选择"开始"选项卡，在"编辑"选项组中，单击"查找"右侧的下拉按钮，单击下拉菜单中的"转到"命令。在弹出的"查找和替换"对话框的"定位"选项卡中，用户可以选择定位目标：页、节、行、书签、批注、脚注等。完成设置后，单击"确定"按钮，即可跳转至想要定位的位置，如图 3.12 所示。

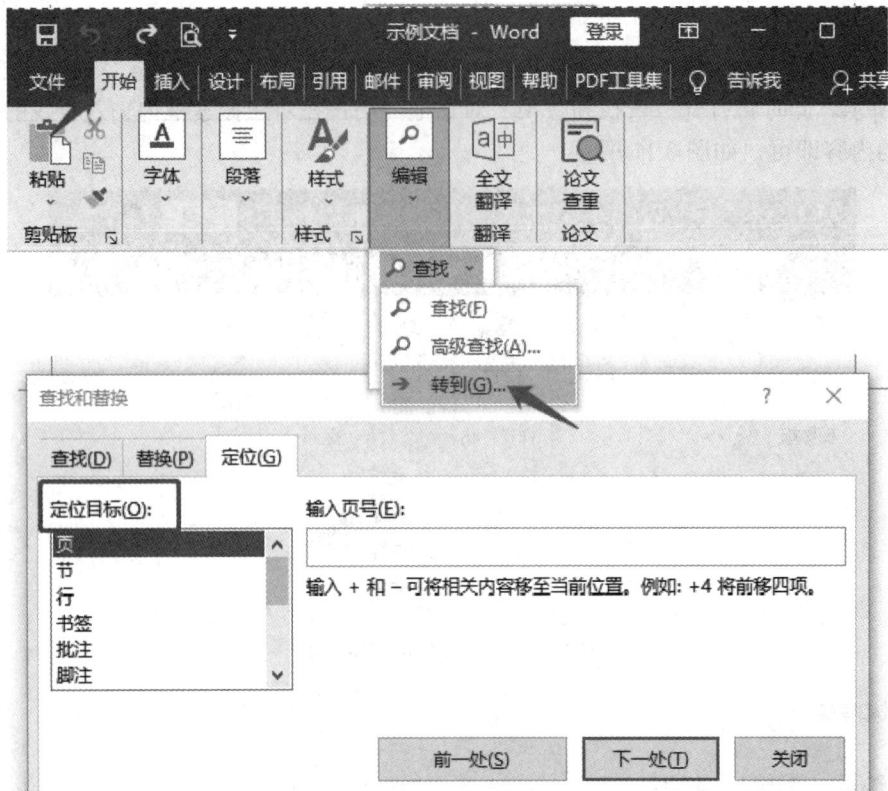

图 3.12　定位文本

任务 7　插　入　符　号

在输入文字时，有时个别符号无法通过键盘输入，此时用户可通过插入符号的方式输入特殊符号，具体步骤如下。

(1) 将光标放置在要插入符号的位置，在 Word 窗口中选择"插入"选项卡，如图 3.13 所示。

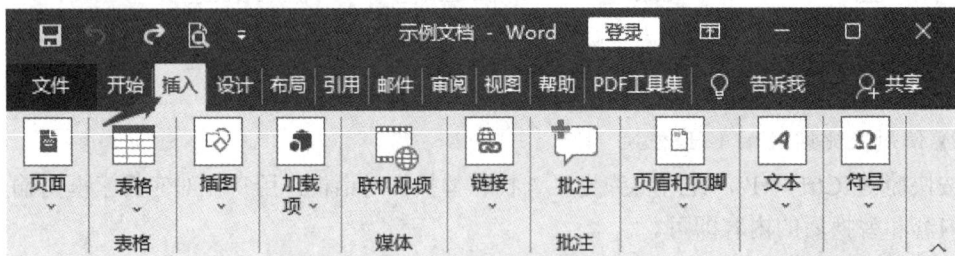

图 3.13　"插入"选项卡

(2) 在"符号"组中，单击"符号"下方的下拉按钮，此时用户可以查看到常用的符号。

(3) 若未显示用户想添加的符号，用户可单击"其他符号"命令，此时将弹出"符号"对话框。用户可根据需求在弹出的对话框中选择字体、子集以查找所想添加的符号，选定后单击"插入"按钮即可，如图 3.14 所示。

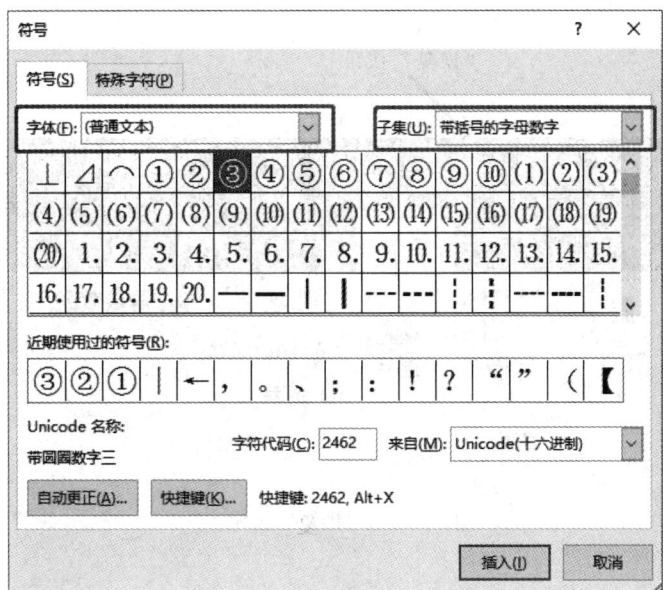

图 3.14　"符号"对话框

任务 8　撤销与恢复

1. 撤销

撤销即取消目前的操作恢复至前一步操作，其主要有以下 2 种方式。

(1) 单击 Word 窗口中的"撤销"按钮即可，如图 3.15 所示。

图 3.15　"撤销"按钮

(2) 使用快捷键〈Ctrl + Z〉撤销。

2. 恢复

恢复指用户可对上一步取消的操作进行恢复，其主要方式为单击 Word 窗口中的"恢复"按钮，如图 3.16 所示。

图 3.16　"恢复"按钮

项目 2　编辑联合发文的公文

任务 1　了 解 公 文

1. 公文的含义

公文，全称公务文书，是指机关团体、企事业单位等依法成立的社会组织在行政管理活动中产生的，按照严格的、法定的生效程序和规范的格式制定的具有传递信息和记录作用的载体。

2. 公文格式各要素划分

《党政机关公文格式》将公文格式各要素划分为版头、主体、版记 3 部分。公文首页红色分隔线以上的部分称为版头；公文首页红色分隔线(不含)以下末页首条分隔线(不含)以上的部分称为主体；公文末页首条分隔线以下末条分隔线以上的部分称为版记。页码位于版心外。

1) 版头

版头包括份号、密级和保密期限、紧急程度、发文机关标志、发文字号、分隔线等。

2) 主体

主体包括标题、主送机关、正文、附件说明、发文机关署名、成文日期和印章等。

3) 版记

版记包括分隔线、抄送机关、印发机关和印发日期等。

3. 公文制作流程

要制作出如图 3.17 所示的公文，主要按以下步骤完成。

(1) 编制版头内容及格式。
(2) 编制主体内容及格式。
(3) 编制版记内容及格式。
(4) 页码及页面设置。

ＸＸ市宣传委员会
ＸＸ市文化宣传协会　文件

ＸＸ宣字〔2022〕05号

关于召开"迎五一、庆五一"活动推进会的通知

相关单位：

　　为做好"迎五一、庆五一"活动，兹定于 2022 年 4 月 18 日 9:00，在宣传委员会三楼会议室召开"迎五一、庆五一"活动推进会，请在参会名单中的各单位具体负责人及具体工作人员准时参会。

会议时间：2022 年 4 月 18 日 9:00-12:00

会议主题:"迎五一、庆五一"活动推进会

　　附件："迎五一、庆五一"活动推进会参会单位名单

ＸＸ市宣传委员会

ＸＸ市文化宣传协会

2022 年 4 月 5 日

抄送：市委，市政府，ＸＸＸ，ＸＸＸ，ＸＸＸ。

ＸＸ市宣传委员会　　　　　　　2022 年 4 月 5 日印发

-2-

图 3.17　联合发文的公文示例

任务 2　编制版头内容及格式

1. 新建 Word 文档

(1) 启动 Word 2016 程序，新建空白文档。

(2) 单击"文件"菜单，然后单击"另存为"→"浏览"命令，在导航窗格中选择文档要存放的位置，并在"文件名"文本框中输入文件名"联合发文的公文"，单击"保存"按钮，如图 3.18 所示。

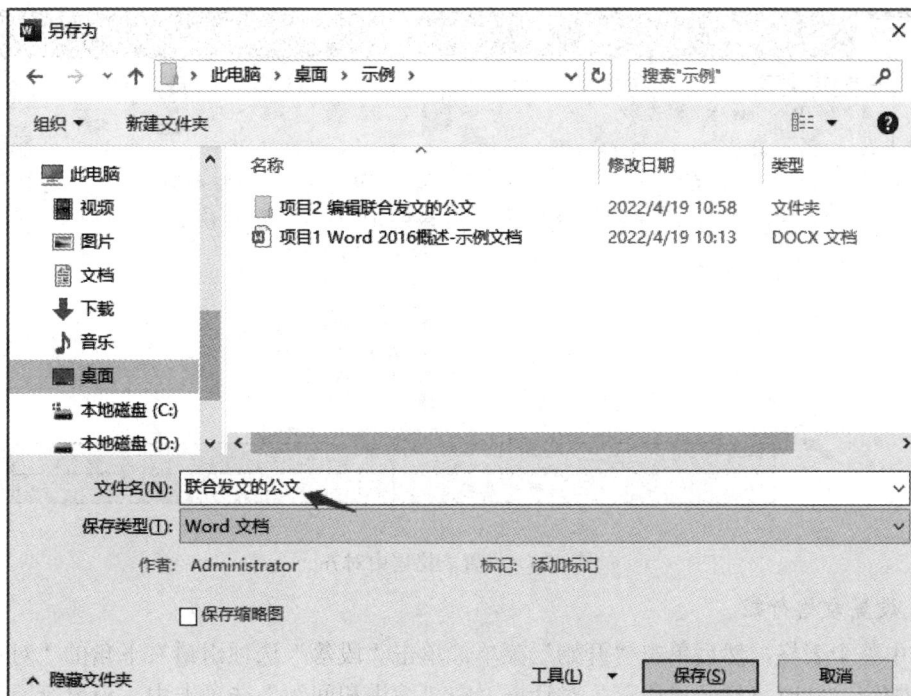

图 3.18 新建 Word 文档

2. 插入表格

在 Word 2016 窗口中，选择"插入"选项卡，在空白文档第 4 行位置，通过"表格"选项组插入一个 2 行 2 列的表格，如图 3.19 所示。

图 3.19 插入表格

3. 表格设置

1) 居中对齐

将鼠标指针放置在表格最左上角，表格最左上角会出现带框的十字形，此时单击此标识能选中整个表格，然后单击"开始"菜单，在"段落"选项组中选择"居中对齐"选项，如图 3.20 所示。

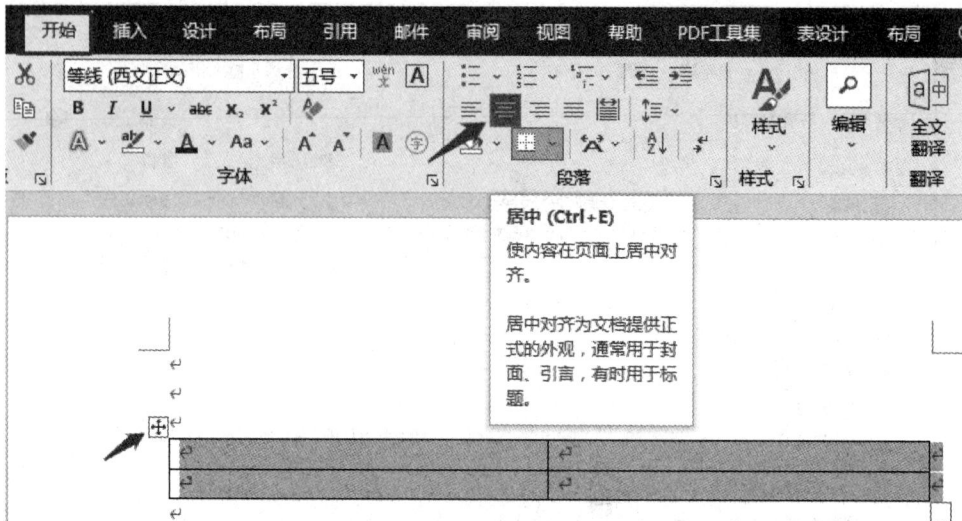

图 3.20 设置表格居中对齐

2) 设置表格行距

选中整个表格，然后单击"开始"菜单，单击"段落"选项组最右下角的"对话框启动器"按钮，此时将打开"段落"对话框。在"缩进和间距"选项卡中，设置行距为固定值、设置值为 38 磅，如图 3.21 所示。

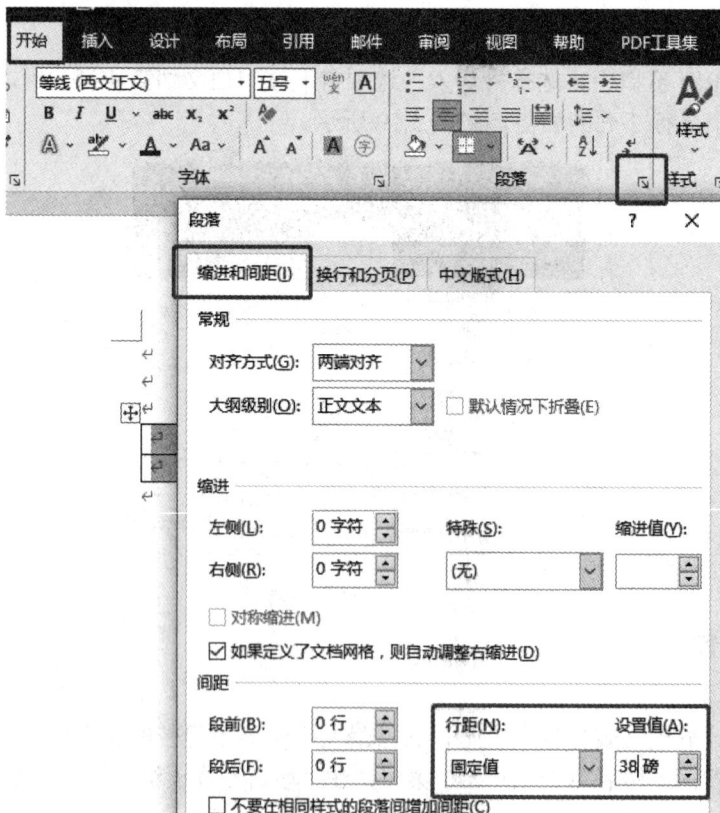

图 3.21 设置表格行距

3) 合并单元格

将光标移动至第 1 行第 2 列单元格，并长按鼠标向下移动至第 2 行第 2 列单元格，此时将选中第 2 列。在"布局"选项卡的"合并"选项组中，单击"合并单元格"按钮，如图 3.22 所示。

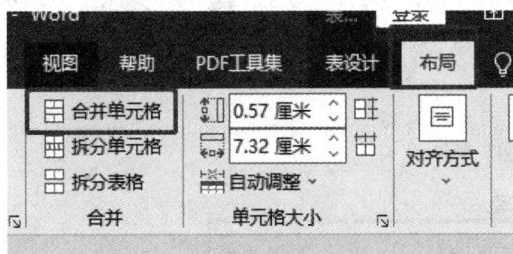

图 3.22　合并单元格

4. 文字输入和处理

1) 输入文字

在表格对应位置输入文字内容，如图 3.23 所示。

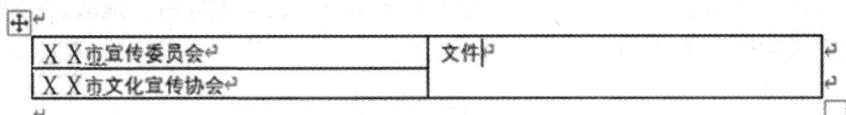

图 3.23　输入文字

2) 设置发文机关标志

用鼠标拖动选中第 1 列所有文字，在"开始"选项卡中，单击"字体"选项组最右下角的"对话框启动器"按钮打开"字体"对话框，在此对话框中将文字设置为宋体、加粗、红色，字号为 29(或 30)磅，如图 3.24 所示。

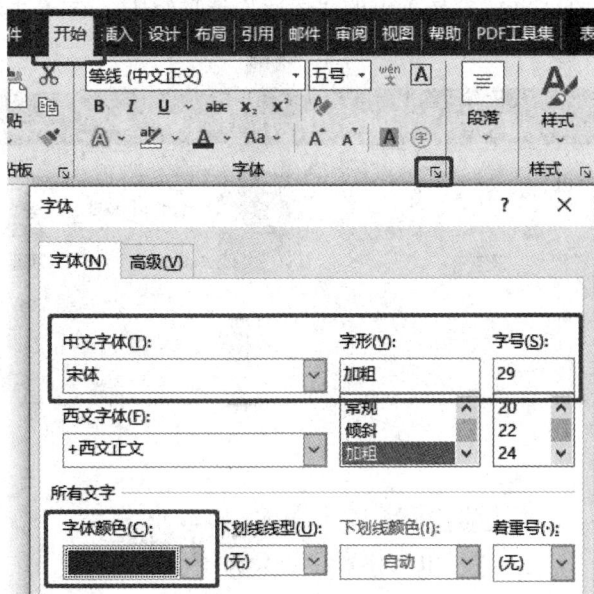

图 3.24　字体设置

在"段落"选项组中将对齐方式设置为分散对齐，设置完成后，拉动表格，使每个发文机关标志保持在一行。

3) 设置"文件"二字格式

使用同样的方法将第 2 列的"文件"设置为宋体、加粗、62 磅、缩放 69%(缩放在"字体"对话框的"高级"选项卡中设置)、红色，如图 3.25 所示。

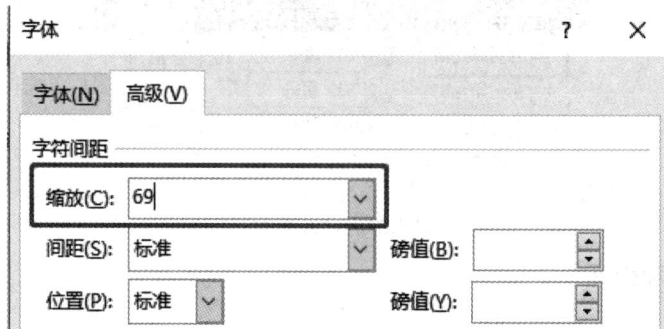

图 3.25　字体设置

在"段落"选项组中将对齐方式设置为中部居中，设置完成后，拖动表格进行适当调整，最终效果如图 3.26 所示。

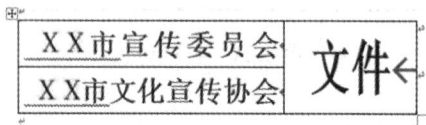

图 3.26　最终结果

5. 表格边框设置

选中整个表格，在"开始"选项卡的"段落"选项组中，选择"无框线"选项，如图 3.27 所示。

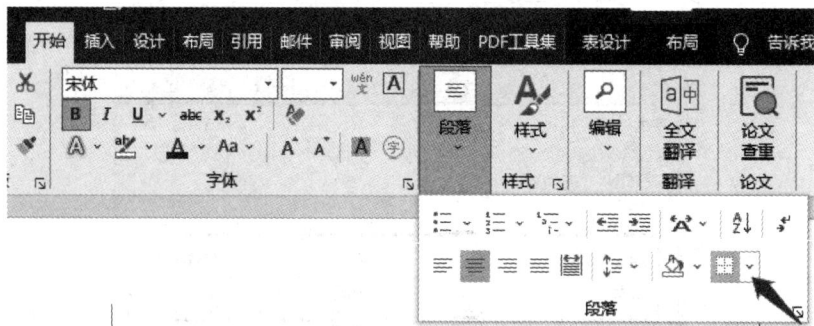

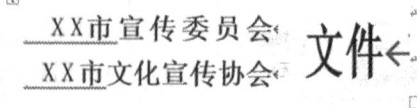

图 3.27　表格边框设置

6. 发文字号编辑

选中发文字号"××宣字〔2022〕05 号",将字体设置为仿宋、三号,在"段落"选项组中将对齐方式设置为居中对齐,间距设置为段前 1 行、段后 1 行,如图 3.28 所示。

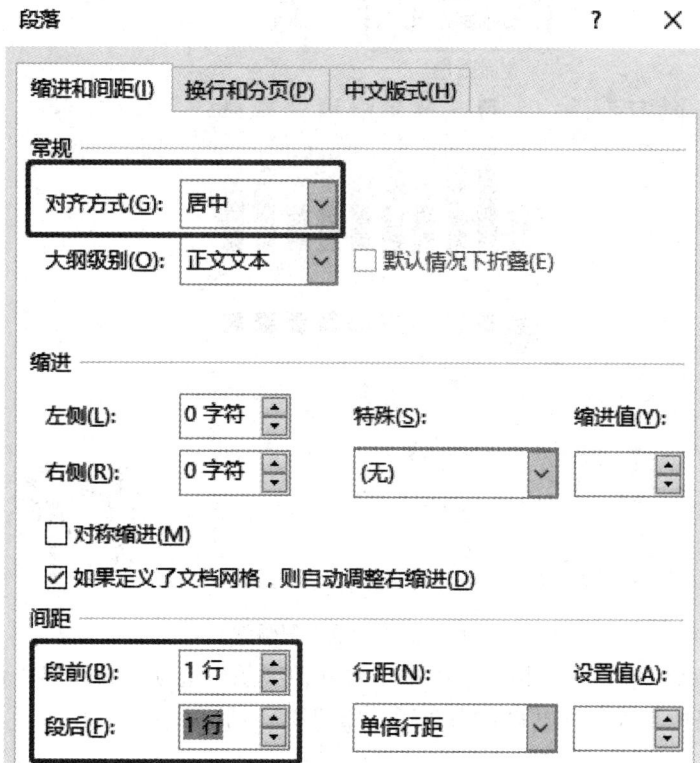

图 3.28　发文字号段落设置

7. 制作分隔线

1) 绘制水平直线

在"插入"选项卡的"插图"选项组中,单击"形状"选项旁的下拉按钮,然后选择"线条"→"直线"选项。移动光标至发文字号下方,紧挨页面左侧。长按<Shift>键,同时按下鼠标左键,拖动鼠标绘制一条水平直线,如图 3.29 所示。

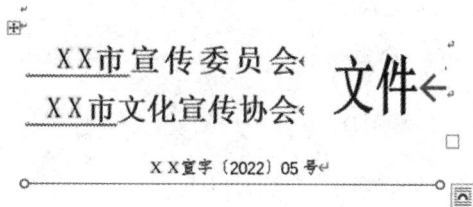

图 3.29　绘制水平直线

2) 设置直线格式

(1) 单击选中水平直线,在"形状格式"→"形状样式"→"形状轮廓"→"主题颜色"中选择红色,如图 3.30 所示。

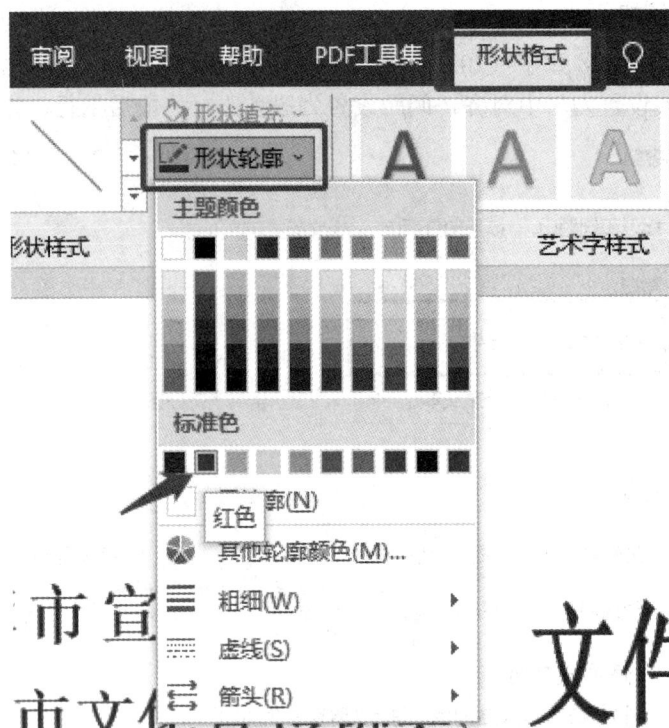

图 3.30　设置主题颜色

（2）在"形状轮廓"→"粗细"中单击"其他线条"选项，将弹出"设置形状格式"窗格，在此窗格中将线条宽度设置为 2 磅，如图 3.31 所示。

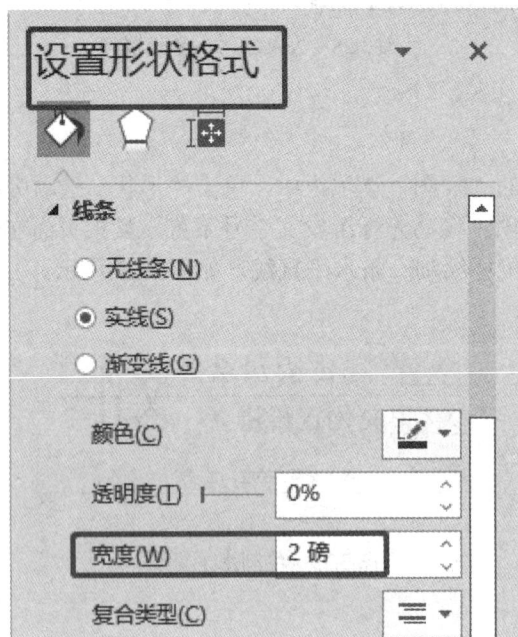

图 3.31　设置线条宽度

任务 3　编制主体内容及格式

1. 设置标题

选中标题，将标题"关于召开'迎五一、庆五一'活动推进会的通知"字体设置为黑体、小二号，加粗，对齐方式设置为居中对齐，段落间距设置为段前 1 行，段后 1 行，行距设置为固定值 28 磅。

2. 设置主送机关

选中主送机关，将主送机关"相关单位："字体设置为仿宋、三号，加粗，对齐方式设置为左对齐，段落间距设置为段前段后 0 行，行距设置为固定值 28 磅。

3. 设置正文格式

(1) 选中正文"为做好……会议主题：'迎五一、庆五一'活动推进会" 此部分内容，将字体设置为仿宋、三号，对齐方式设置为两端对齐，行距设置为固定值 28 磅。

(2) 选中正文"为做好……准时参会"此部分内容，然后在"开始"菜单的"段落"下拉列表中，单击最右下角的按钮，打开"段落"对话框。在"缩进"选项组中，将"特殊"设置为首行，"缩进值"设置为 2 个字符，如图 3.32 所示。

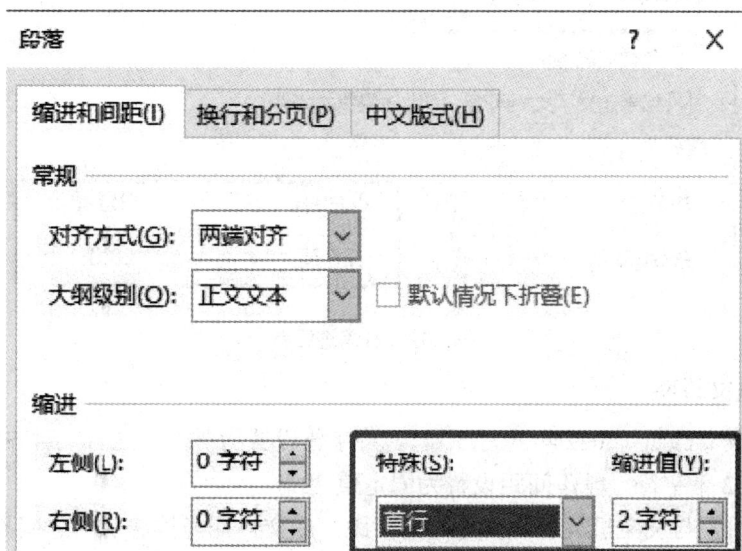

图 3.32　首行缩进值设置

4.设置附件

(1) 选中"附件：'迎五一、庆五一'活动推进会参会单位名单"此部分内容，将字体设置为仿宋、三号，对齐方式设置为两端对齐，行距设置为固定值 28 磅，段落间距设置为段前 1 行。

(2) 将光标移动至"附件"二字前，并按<Space>键使此行缩进 2 个字符。

5. 设置发文机关署名

(1) 选中发文机关署名"××市宣传委员会××市文化宣传协会",将字体设置为仿宋、三号,对齐方式设置为右对齐。

(2) 选中发文机关署名,在"段落"组中设置右侧缩进 2 个字符,行距设置为固定值 28 磅,如图 3.33 所示。

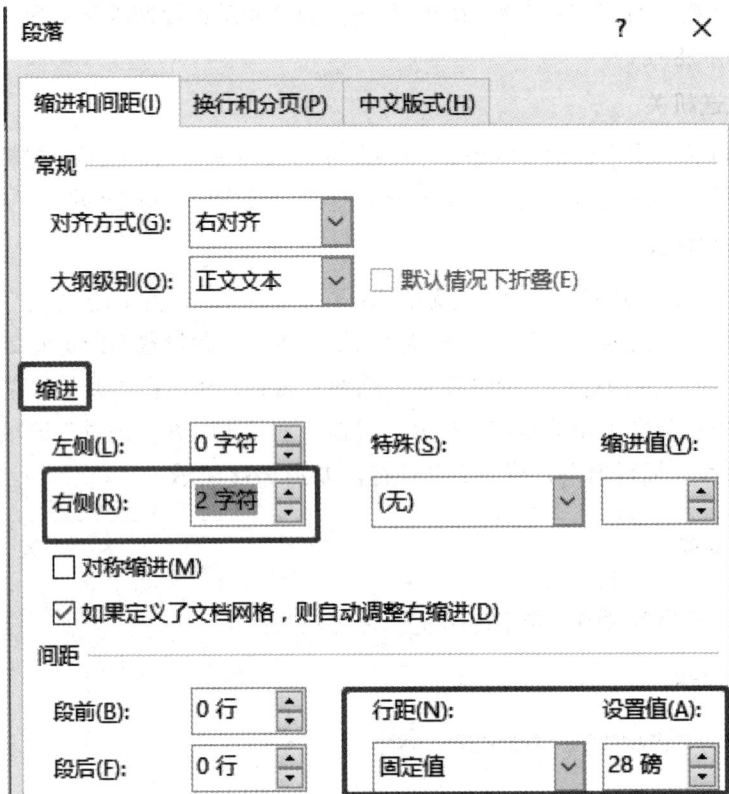

图 3.33　右缩进设置

6. 设置成文日期

(1) 选中成文日期"2022 年 4 月 5 日",将字体设置为仿宋、三号,对齐方式设置为右对齐,右缩进 2 个字符。段落间距设置为固定值 28 磅。

(2) 成文日期与发文机关署名间无段落间距,成文日期与抄送机关之间只空 1 行,因此需在设置完版记后相应调整成文日期、发文机关署名与抄送机关的位置。

任务 4　编制版记内容及格式

1. 抄送机关、印发机关和印发日期设置

选中版记的抄送机关、印发单位及印发日期对应文本,将字体设置为仿宋、三号,对齐方式设置为两端对齐，段落间距设置为固定值 28 磅。印发机关和印发日期应在页面两侧。

2. 制作分隔线

(1) 在抄送机关上面画一条黑色、宽度为 1.25 磅的水平直线。

(2) 在抄送机关下面画一条黑色、宽度为 0.75 磅的水平直线。

(3) 在印发机关下面画一条黑色、宽度为 1 磅的水平直线。

3. 格式调整

调整版记的位置，版记应位于所在页面的最下端，后续无正文。因为正文成文日期与抄送机关之间只有 1 个空白行，所以要调整正文附件与正文发文机关署名之间的空白行。

任务 5 设置页码及页面

在公文中插入页码，要求页码位于页面底端，页码格式为 -1-，-2-，-3-，…，起始页码为 -1-。奇数页页码位于页面左侧，偶数页页码位于页面右侧。具体设置步骤如下。

(1) 在"插入"选项卡的"页眉和页脚"选项组中，单击"页码"→"页面底端"→"普通数字 2"命令，如图 3.34 所示。

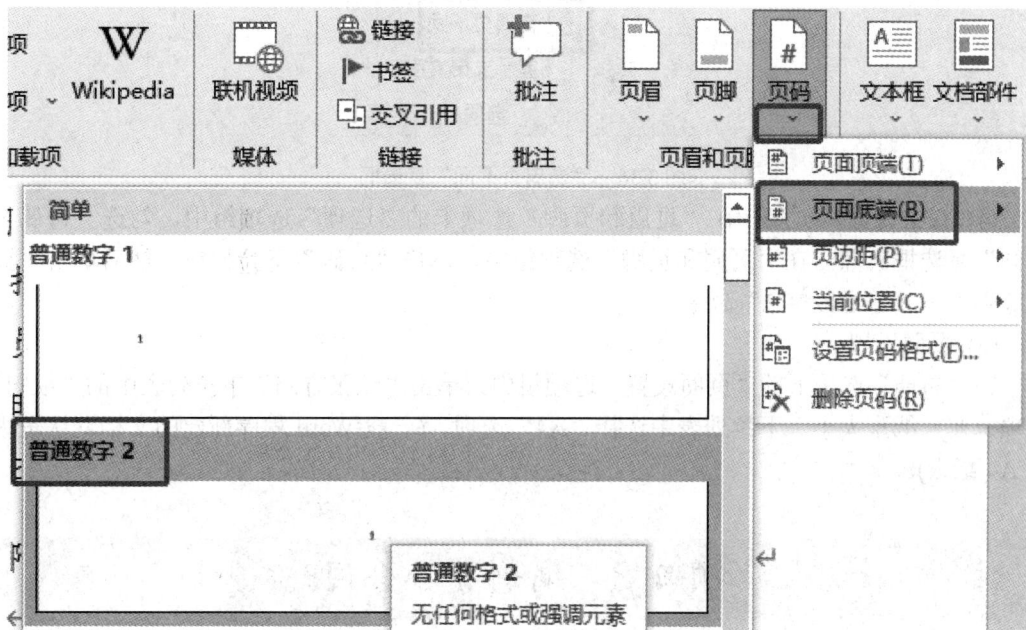

图 3.34 页码设置

(2) 在"插入"选项卡的"页眉和页脚"选项组中，单击"设置页码格式"按钮，将页码格式设置为 -1-，-2-，-3-，…，起始页码设置为 -1-，如图 3.35 所示。

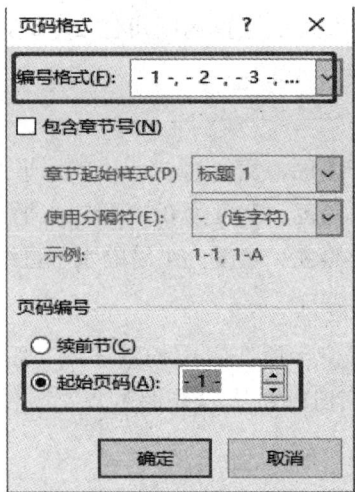

图 3.35　页码格式设置

(3) 双击奇数页页脚，在"页眉和页脚"选项卡的"选项"选项组中，勾选"奇偶页不同"复选框，如图 3.36 所示。然后在"页眉和页脚"组中，单击"页码"下拉按钮，然后单击"页面底端"→"普通数字 1"命令。

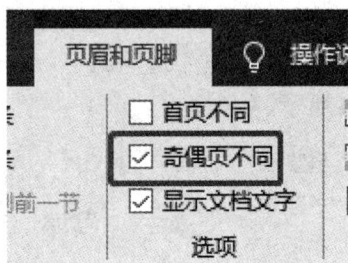

图 3.36　"奇偶页不同"复选框

(4) 双击偶数页页脚，在"页眉和页脚"选项卡的"选项"选项组中，勾选"奇偶页不同"复选框。然后在"页眉和页脚"选项组中，单击"页码"下拉按钮，然后单击"页面底端"→"普通数字 3"命令。

(5) 页面设置。

在"布局"选项卡的"页面设置"选项组中，单击"纸张方向"下拉列表中的"纵向"选项。在"纸张大小"下拉列表中选择"A4"选项。(一般 Word 程序新建的文档默认是纵向 A4 纸张)。

项目 3　编制劳务合同

任务 1　了解劳务合同

劳务合同是指以劳动形式提供给社会的服务民事合同，是当事人各方在平等协商的情况下，就某一项劳务以及劳务成果所达成的协议。其一般是在独立经济实体的单位之间、公民之间以及它们相互之间产生的。

　　劳务合同作为正式的协议，其要求格式规范，涉及文本格式设置、页眉和页码设置等方面，因此掌握基本的文档格式处理很重要。图 3.37 为本项目要编制的劳务合同示例。

劳务合同

合同编号：＿＿＿＿＿＿

　　甲方：

　　法定代表人或委托代理人：＿＿＿＿＿＿＿＿＿＿＿＿＿＿＿＿＿

　　注册地址：＿＿＿＿＿＿＿＿＿＿＿＿＿＿＿＿＿＿＿＿

　　通讯地址：＿＿＿＿＿＿＿＿＿＿＿＿＿＿＿＿＿＿＿＿

　　经营场所：＿＿＿＿＿＿＿＿＿＿＿＿＿＿＿＿＿＿＿＿

　　乙方：

　　姓名：＿＿＿＿＿＿＿＿＿＿＿　性别：＿＿＿＿＿＿＿＿

　　居民身份证号码：＿＿＿＿＿＿＿＿＿＿＿＿＿＿＿＿＿

　　家庭住址：＿＿＿＿＿＿＿＿＿＿＿＿＿＿＿＿＿＿＿＿

　　邮政编码：＿＿＿＿＿＿＿＿＿＿＿＿＿＿

　　户口所在地：＿＿＿＿＿（省市）＿＿＿＿＿（区县）＿＿＿＿＿街道（乡镇）

　　通讯地址：＿＿＿＿＿＿＿＿＿＿＿＿＿＿＿＿＿＿＿＿

　　邮政编码：＿＿＿＿＿＿＿＿＿＿电话：＿＿＿＿＿＿＿＿＿＿

　　根据《中华人民共和国民法通则》《中华人民共和国合同法》和有关规定，甲乙双方经平等协商一致，自愿签订本劳务合同，共同遵守本合同所列条款。

　　第一条　本合同期限为＿＿＿＿＿＿年。

　　本合同于＿＿＿年＿＿月＿＿日生效，至＿＿＿年＿＿月＿＿日终止。

　　第二条　甲方安排乙方从事＿＿＿＿＿＿工作。甲方因经营需要和乙方的能力表现，可变更乙方的工作。乙方有意见的可由甲乙双方协商确定。

　　第三条　乙方提供劳务的方式为：＿＿＿＿＿＿＿＿＿＿＿＿＿＿＿＿＿＿。

　　第四条　乙方认为，根据乙方目前的健康状况，能依据本协议第二条、第三条约定的劳务内容、要求、方式为甲方提供劳务，乙方也愿意承担所约定劳务。

　　第五条　乙方负有保守甲方商业秘密的义务。乙方负有保护义务的商业秘密主要包括：乙方从甲方获得的与工作有关或因工作产生的任何商业、营销、客户、运营数据或其他性质的资料，无论以何种形式或何种载体，无论在披露时是否以口头、图像或以书面方式表明其具有保密性。

第六条 按甲方现行的薪酬管理制度支付乙方工资。甲方每月发薪日期为次月 10 日。合同期间，若甲方对乙方工作进行调整或实行新的工资制度，则乙方的工资待遇作相应调整。

第七条 乙方依法缴纳个人所得税。

第八条 发生下列情形之一，本协议提前终止。

1. 发生甲方或乙方不可抗拒的因素，造成一方或双方不能继续履行合同的。

2. 双方就解除本合同协商一致的。

3. 乙方由于身体原因不能履行本合同义务的。

第九条 符合下列情况之一的，甲方可以解除本合同，辞退乙方。

1. 乙方因严重违反劳动纪律，按甲方员工守则及奖惩办法规定可以辞退的。

2. 乙方因病或非因工负伤在规定的医疗期满后，不能从事原工作也不能从事另行安排的工作的。

3. 乙方不服从甲方的工作安排，协商后仍无法达成一致的。

4. 甲方宣告破产、不再从事原经营行业的。

第十条 乙方有以下行为，甲方有权开除乙方并追究由此造成的损失。

1. 虚报账目，账目不清，弄虚作假，贪污货款。

2. 偷盗财物。

第十一条 甲、乙双方若单方面解除本合同，需提前一个月通知另一方。

第十二条 因本合同引起的或与本合同有关的任何争议，均提请甲方所在地仲裁委员会按照仲裁规则进行仲裁。任何一方不服仲裁裁决的，可继续向甲方所在地人民法院提起诉讼。

第十三条 本合同首部甲、乙双方的通讯地址为双方联系的唯一固定通讯地址，若在履行本合同中双方有任何争议，甚至涉及仲裁时，该地址为双方法定地址。若其中一方通讯地址发生变化，应立即书面通知另一方，否则，造成双方联系障碍，由有过错的一方负责。

第十四条 本合同一式两份，甲乙双方各执一份，双方就此合同内容向第三方保密。

甲方（签章）   乙方（签章）

日期：   年   月   日   日期：   年   月   日

2

图 3.37　劳务合同示例

任务 2　设置文档基本格式

1. 新建 Word 文档

使用 Word 2016 程序新建一个空白文档，并按照劳务合同示例输入文本内容。

2. 设置页面

在"布局"选项卡中找到"页面设置"选项组。在"纸张大小"下拉列表中选择"A4"选项，将纸张大小设置为 A4。单击"页边距"→"自定义页边距"命令，打开"页面设置"对话框；在此对话框的"页边距"选项卡中将页边距设置为上 2.5 厘米、下 2 厘米、左 2.5 厘米、右 2 厘米，在"布局"选项卡中将页眉和页脚均设置为 1 厘米，如图3.38 所示。

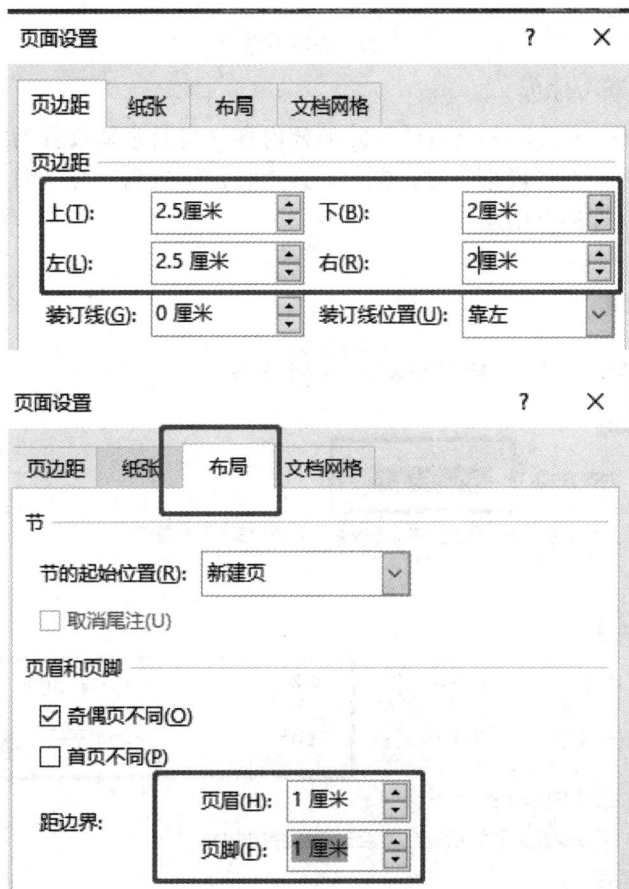

图 3.38　设置页面

3. 设置文本基本格式

1) 设置标题

选中标题"劳务合同"，并将其字体设置为黑体、小一号，对齐方式设置为居中对齐。

2) 设置"合同编号"

"合同编号"位于标题下一行，将其字体设置为宋体、五号，对齐方式设置为右对齐。设置好后，在冒号":"后按 10 下<Space>键，然后拖动鼠标选中光标和冒号":"之间的空白位置，并在"开始"选项卡的"字体"选项组中单击"下划线"右侧的下拉按钮，选择所需下划线，如图 3.39 所示。

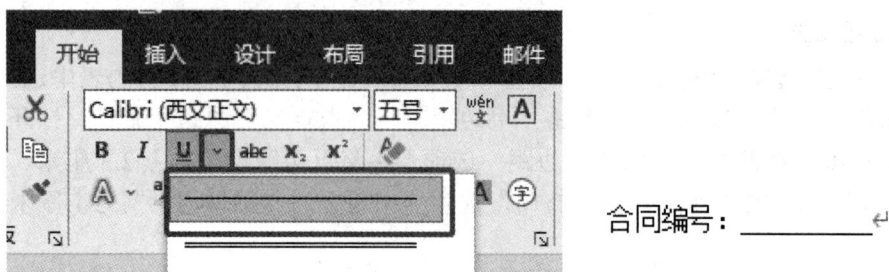

图 3.39　设置下划线

3) 设置合同当事人信息

(1) 选中"甲方……乙方……电话"此部分内容，将其字体设置为宋体、小四号，对齐方式设置为左对齐。在"段落"对话框中，设置特殊格式为首行，缩进值为 2 字符，行距为 1.5 倍行距，如图 3.40 所示。

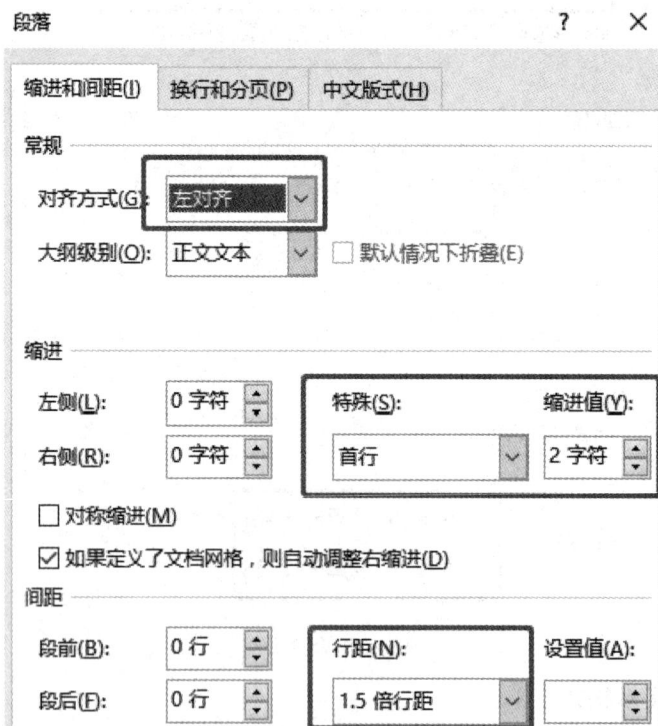

图 3.40　设置段落

(2) 按照使用<Space>键设置下划线的方式，设置相应位置的下划线，如图 3.41 所示。

甲方: ↵

法定代表人或委托代理人: ＿＿＿＿＿＿＿＿＿＿＿＿＿＿＿＿＿＿ ↵

注册地址: ＿＿＿＿＿＿＿＿＿＿＿＿＿＿＿＿＿＿＿＿＿＿＿＿ ↵

通讯地址: ＿＿＿＿＿＿＿＿＿＿＿＿＿＿＿＿＿＿＿＿＿＿＿＿ ↵

经营场所: ＿＿＿＿＿＿＿＿＿＿＿＿＿＿＿＿＿＿＿＿＿＿＿＿ ↵

↵

乙方: ↵

姓名: ＿＿＿＿＿＿＿＿＿＿＿＿性别: ＿＿＿＿＿＿＿＿＿＿＿＿ ↵

居民身份证号码: ＿＿＿＿＿＿＿＿＿＿＿＿＿＿＿＿＿＿＿＿ ↵

家庭住址: ＿＿＿＿＿＿＿＿＿＿＿＿＿＿＿＿＿＿＿＿＿＿＿＿ ↵

邮政编码: ＿＿＿＿＿＿＿＿＿＿＿＿＿＿＿＿＿＿＿＿＿＿＿＿ ↵

户口所在地: ＿＿＿＿＿(省市)＿＿＿＿(区县)＿＿＿＿街道(乡镇) ↵

通讯地址: ＿＿＿＿＿＿＿＿＿＿＿＿＿＿＿＿＿＿＿＿＿＿＿＿ ↵

邮政编码: ＿＿＿＿＿＿＿＿电话: ＿＿＿＿＿＿＿＿＿＿＿＿ ↵

图 3.41　设置下划线

4) 设置正文内容

选中劳务合同正文,将此部分内容字体设置为宋体、小四号,对齐方式设置为左对齐。在"段落"对话框中,设置特殊格式为首行,缩进值为 2 字符,行距为 1.5 倍行距。

4. 美化文档

根据劳务合同示例,在文档正文相应部分添加下划线并相应调整文档格式。

任务 3　设 置 页 眉

1. 进入页眉编辑状态

进入页眉编辑状态有以下 2 种方法。

(1) 在"插入"选项卡中找到"页眉和页脚"选项组,单击"页眉"选项的下拉按钮,选择"空白"选项,如图 3.42 所示。

图 3.42　插入页眉

(2) 双击页面最上方，进入页眉和页脚编辑状态。

2. 设置页眉文本

(1) 在页眉编辑状态下找到"页眉和页脚"选项卡，然后勾选"奇偶页不同"复选框，以便设置页码。

(2) 在第 1 页页眉处输入公司名称"芙蓉人力资源有限公司"，并将其字体设置为黑体、四号，字体颜色设置为深灰色，对齐方式设置为左对齐，行距设置为单倍行距。第 2 页也进行同样的操作。

(3) 选中页眉公司名称"芙蓉人力资源有限公司"，然后在"页眉和页脚"选项卡中找到"位置"选项组，将页眉顶端距离设置为 1.4 厘米，如图 3.43 所示。

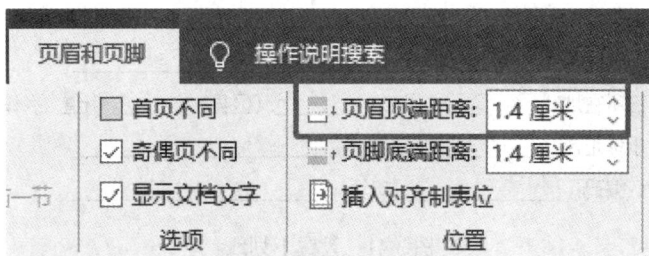

图 3.43　设置页眉顶端距离

(3) 选中公司名称"芙蓉人力资源有限公司"，然后在"开始"选项卡中找到"段落"选项组，将边框设置为无框线，如图 3.44 所示，最后双击正文部分退出页眉编辑状态。

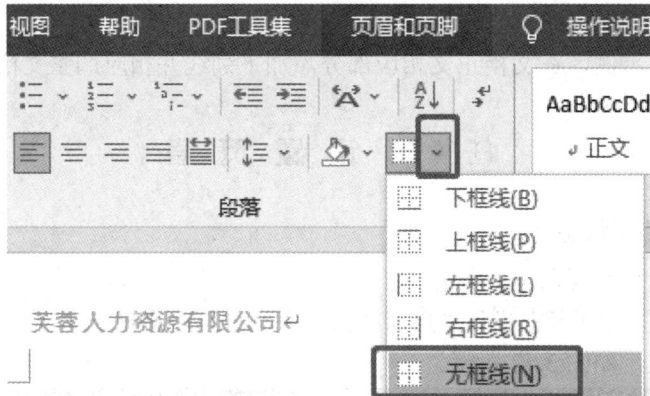

图 3.44　设置页眉边框

任务4　设 置 页 码

1. 进入页码编辑状态

进入页码编辑状态有以下 2 种方法。

(1) 在"插入"选项卡中找到"页眉和页脚"选项组，单击"页码"选项的下拉按钮，选择"页面底端"→"普通数字 1"命令，如图 3.45 所示，同时确认是否勾选"奇偶页不同"复选框。

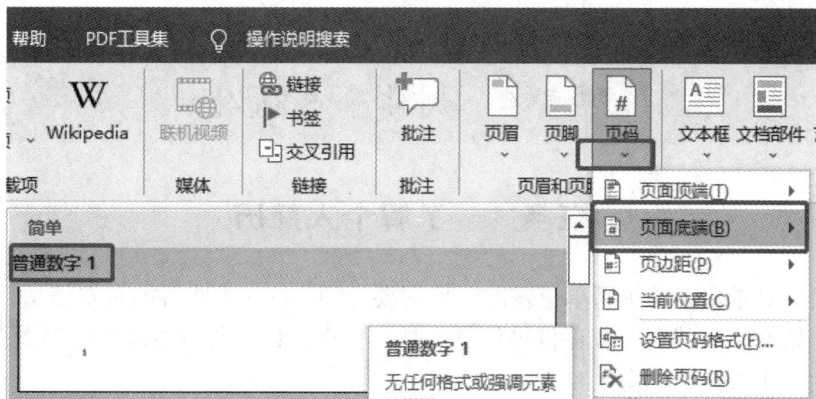

图 3.45 插入页码

(2) 双击页面最下方，进入页码编辑状态。

2. 编辑页码

(1) 在页码编辑状态，且勾选"奇偶页不同"复选框的情况下，将光标移动至奇数页页脚，然后设置页码格式为 1，2，3，…，起始页为 1，如图 3.46 所示。

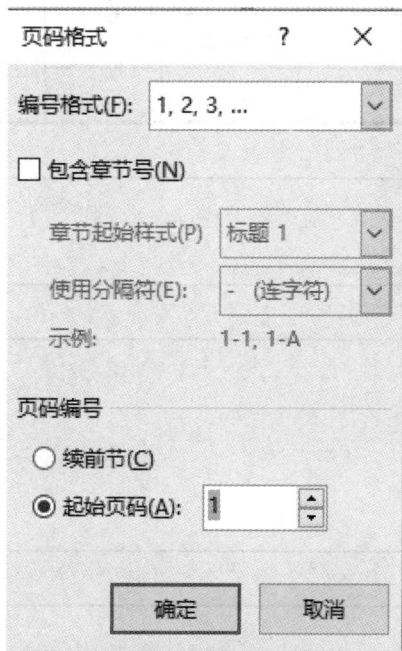

图 3.46 设置奇数页页码

(2) 选中奇数页页码"1"，并将其字体设置为宋体、12 号。

(3) 选中奇数页页码"1"，在"页眉和页脚"选项卡中找到"位置"选项组，将页脚底端距离设置为 1.4 厘米。

(4) 在页码编辑状态，且勾选"奇偶页不同"复选框的情况下，将光标移动至偶数页页脚，在"页眉和页脚"选项卡中找到"页眉和页脚"选项组，然后单击"页码"的下拉按钮，选择"页面底端"→"普通数字 3"命令。按照同样的方式对偶数页页码进行设置，设置完成后双击正文即可退出页码编辑状态。

项目 4 制作个人简历

任务 1 了解个人简历

　　个人简历是求职者给招聘单位发的一份简要介绍，包含求职者的基本信息、教育经历、工作经历、荣誉与成就、自我评价等信息，是一种规范化、具有逻辑性的书面介绍。本项目将要编制的个人简历如图 3.47 所示。

个人简历

姓名：		出生年月：		照片
民族：		籍贯：		
学历/学位：		政治面貌：		
联系电话：		邮箱：		
教育经历：				
工作经历：				
荣誉与成就：				
自我评价：				

图 3.47　个人简历示例

任务 2　创 建 表 格

1. 新建文档

新建 Word 2016 文档，并将页面设置为 A4，页边距设置为常规。

2. 创建表格

(1) 在文档第 1 行输入标题"个人简历"，并将其字体设置为宋体、小二号、加粗，对齐方式设置为居中对齐，段落间距设置为段前 1 行。

(2) 使用<Enter>键换行，在文档第 3 行，根据图 3.47 确定个人简历表格中的行数和列数。根据确定后的行数和列数，在"插入"选项卡中单击"表格"下拉列表中的"插入表格"选项，插入一个 5 列 12 行的表格，固定列宽，如图 3.48 所示。

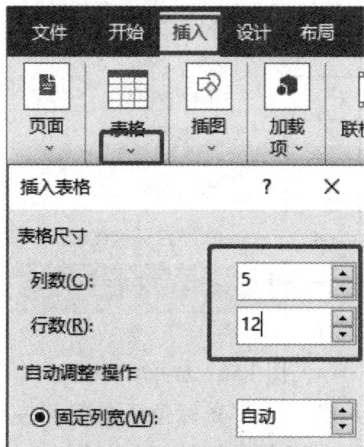

图 3.48　插入表格

任务 3　编 辑 表 格

1. 输入文字

根据图 3.47，在表格对应位置输入文字内容，如图 3.49 所示。

姓名：		出生年月：		
民族：		籍贯：		
学历/学位：		政治面貌：		
联系电话：		邮箱：		
教育经历：				
工作经历：				
荣誉与成就：				
自我评价：				

图 3.49　表格文字内容

2. 合并单元格

(1) 拖动鼠标选中第 5 列第 1～4 行表格,在"布局"选项卡中找到"合并"选项组,单击"合并单元格"按钮;或右击,在快捷菜单中选择"合并单元格"命令,如图 3.50 所示。

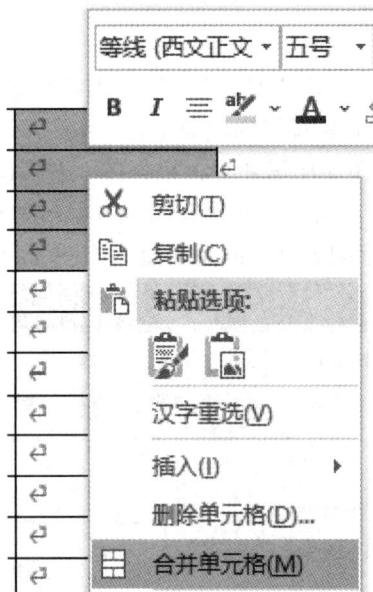

图 3.50 合并单元格

(2) 单击上一步合并的单元格,此时光标位于单元格左上角,在"布局"选项卡中找到"对齐方式"选项组,单击"水平居中"按钮,如图 3.51 所示。此时输入文字后,文字为水平居中格式。

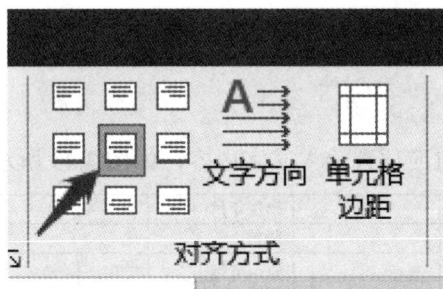

图 3.51 设置对齐方式

(3) 拖动鼠标选中第 5 行,然后合并此行单元格,并在"布局"选项卡中将对齐方式设置为中部左对齐。

(4) 选中第 6 行,然后合并此行单元格,并在"布局"选项卡中将对齐方式设置为中部左对齐。

(5) 第 7～12 行均按照步骤(4)的方式进行合并,每一行合并为一个单元格。

任务4　美 化 表 格

1. 设置行高

(1) 选中第 1～4 行，然后右击，在快捷菜单中选择"表格属性"命令，在"行"选项卡中勾选"指定高度"复选框，并将行高设置为 1 厘米，如图 3.52 所示。

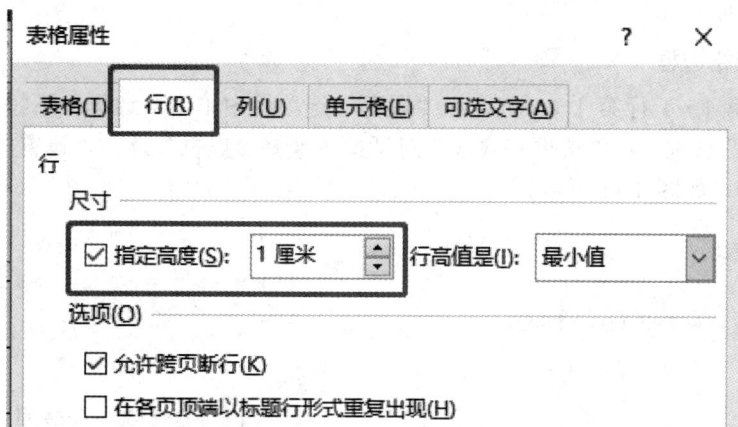

图 3.52　设置行高

(2) 将第 5、7、9、11 行的行高设置为 1 厘米，并将对齐方式设置为中部左对齐。

(3) 选中第 1～4 行第 1～4 列，并将对齐方式设置为水平居中。

(4) 将光标移动至第 6、8、10、12 行，并使用<Enter>键设置空白行，如图 3.53 所示。

图 3.53　设置空白行

2. 设置表格文字

单击表格左上角，选中整个表格，并将字体设置为宋体、四号，其中"教育经历：""工作经历：""荣誉与成就：""自我评价："应加粗设置。

3. 设置列宽

选中第 1 列，右击，在快捷菜单中选择"表格属性"命令，并根据需求设置列宽；或者通过将鼠标指针停在要调整的单元格边框线上，待出现两条纵线时，按住鼠标左键拖动来调整单元格列宽。

4. 设置表格边框

(1) 选中第 1～4 行第 1～5 列，在"段落"选项组中单击"边框"下拉按钮，并选择"边框和底纹"选项，在"边框和底纹"对话框中选择"虚框"选项，设置样式为双线条，宽度为 0.75 磅，如图 3.54 所示。

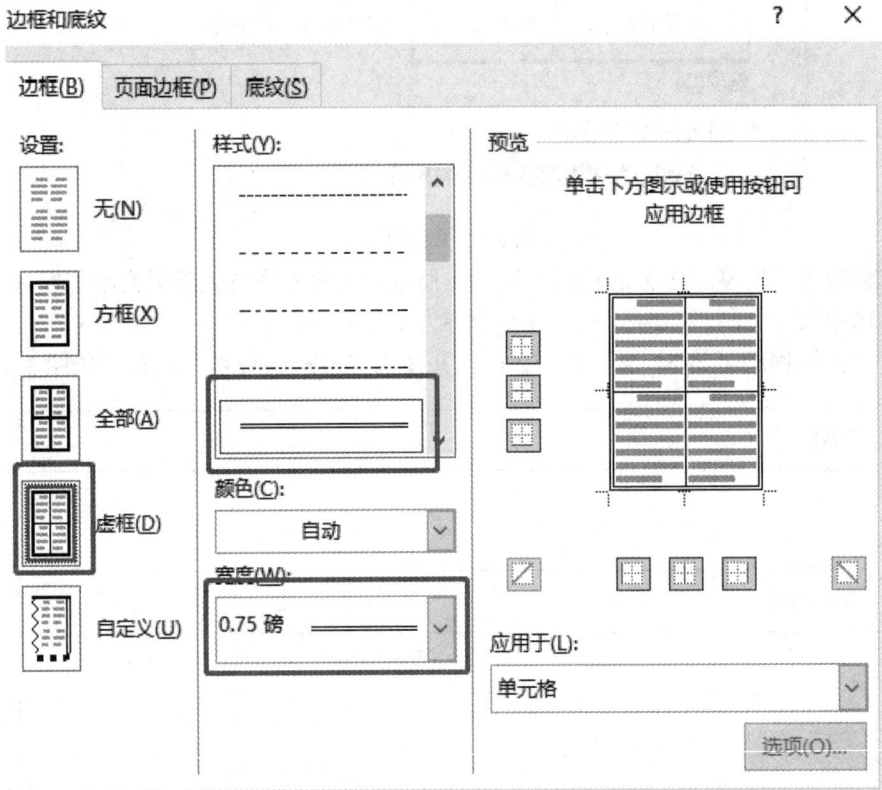

图 3.54　设置表格边框

(2) 选中第 5～12 行，按照步骤(1)的方式设置表格外边框。

5. 美化表格

用户可根据需求对个人简历表格进行调整，对字体进行设置。

补充：拆分单元格。既可对合并的单元格进行拆分，也可对未合并的单元格进行拆分，二者方法相同。具体步骤如下：将光标放置在合并的单元格中，在"布局"选项卡中找到"合并"选项组，单击"拆分单元格"按钮(或者右击，在快捷菜单中选择"拆分单元格"

命令),此时将弹出"拆分单元格"对话框,用户根据需求进行拆分即可。

项目 5 制作邀请函

任务 1 了解邀请函

邀请函是邀请亲朋好友或知名人士、专家等参加某项活动时所发出的请约性书信。它是现实生活中常用的一种日常应用写作文种。在应用写作中,邀请函是非常重要的,而商务活动邀请函是邀请函的一个重要分支,商务活动邀请函的主体内容符合邀请函的一般结构,由标题、称谓、正文、落款组成。本项目将介绍批量制作"庆五一"晚会邀请函,并制作嘉宾桌签,如图 3.55 所示。

图 3.55 "庆五一"晚会邀请函

任务 2 制作邀请函主文档

1. 新建 Word 2016 文档

在 Word 2016 程序中新建空白文档,将文档命名为以"庆五一"晚会邀请函。

2. 页面设置

在"布局"选项卡中,找到"页面设置"选项组,并将纸张方向设置为横向,纸张大小设置为默认的 A4,页边距设置为常规即可。

3. 背景设置

(1) 在"插入"选项卡中，找到"插图"选项组，并单击"图片"下拉按钮，选择"此设备"选项，然后找到邀请函背景图片，单击"插入"按钮即可，如图 3.56 所示。

图 3.56　插入邀请函背景

(2) 选中插入的图片，然后单击"图片格式"选项卡，找到"排列"选项组，将图片位置设置为"中间居中，四周文字环绕型"，并拖动鼠标调整图片大小，使背景图片平铺整个文档。

4. 文本输入和处理

(1) 在"插入"选项卡中找到"文本"选项组，选择"文本框"下拉列表中的"绘制横排文本框"选项，并拖动鼠标在页面相应位置绘制文本框，如图 3.57 所示。

图 3.57　绘制文本框

(2) 在文本框中输入文本内容，如图 3.58 所示，并将文本字体设置为楷体、小四，段落行距设置为 1.5 倍行距。

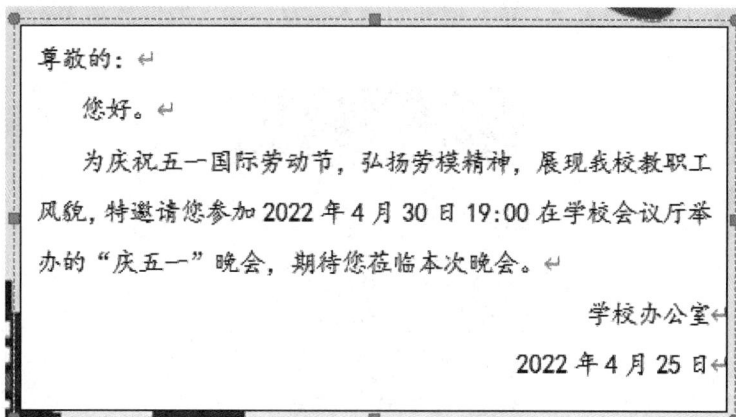

图 3.58　文本输入与处理

(3) 选中绘制的文本框，在"文本框"选项卡中找到"文本框样式"选项组，将文本框形状填充设置为"无填充"，其形状轮廓设置为"无轮廓"。

任务 3　制作邀请函数据源

批量制作邀请函需要制作数据源，制作数据源可使用 Word 制作，也可使用 Excel 制作，下面将分别进行介绍。

1. 使用 Word 制作数据源

(1) 新建 Word 文档，并将其命名为"庆五一"晚会嘉宾名单。

(2) 插入一个 3 列 6 行的表格，并从表格的第 1 行开始输入信息，如图 3.59 所示。此时要注意，在制作数据源时表格上方不能有标题行，数据之间也不能有空白行。数据源对文字对齐方式、字体等的设置无要求。

序号	姓名	职位
1	张敏	院长
2	李琼	书记
3	王皓杰	院长
4	何宇	书记
5	孙杰	主任

图 3.59　数据源

2. 使用 Excel 制作数据源

(1) 新建 Excel 表格，并将其命名为"庆五一"晚会嘉宾名单。

(2) 从"Sheet1"工作表 A1 单元格开始输入信息，输入的信息与 Word 相同，也无须设置格式，如图 3.60 所示。

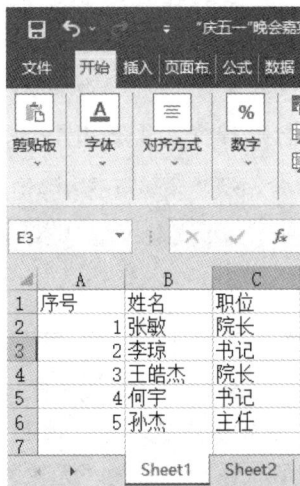

图 3.60　数据源

任务 4　合 并 邮 件

以 Word 文档的嘉宾名单为例进行邮件合并。

1. 选择收件人

(1) 打开"庆五一"晚会邀请函文档，在"邮件"选项卡中，单击"选择收件人"下拉按钮，并选择"使用现有列表"选项，如图 3.61 所示。

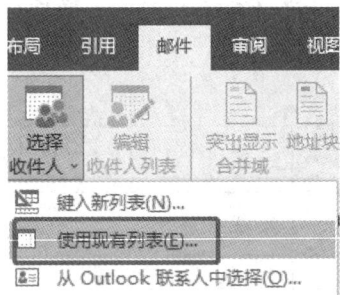

图 3.61　选择"使用现有列表"选项

(2) 在弹出的对话框中找到 Word 或 Excel 数据源，单击"打开"按钮即可在数据源与邀请函文档之间建立链接。

2. 插入合并域

(1) 将光标移动至要插入数据源的位置，在"邮件"选项卡中找到"编写和插入域"选项组，并单击"插入合并域"下拉列表中的"姓名"选项，如图 3.62 所示。按〈Space〉

键，使"姓名"和"职位"之间有空格，然后使用同样的方法插入"职位"。

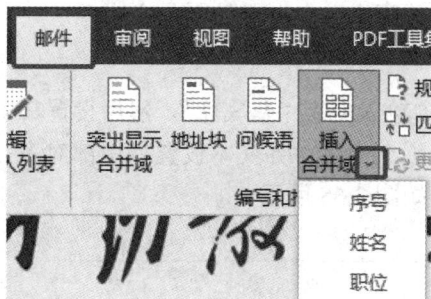

图 3.62　插入合并域

(2) 选中文本框中插入的"姓名"和"职位"，设置其字体为华文行楷、四号，加粗。

3. 生成邀请函

(1) 在"邮件"选项卡中找到"预览结果"选项组，单击"预览结果"按钮，此时可看到插入合并域后的效果。在查看时可单击"上一记录"按钮或"下一记录"按钮预览所有结果，以便核实是否有误，如图 3.63 所示。

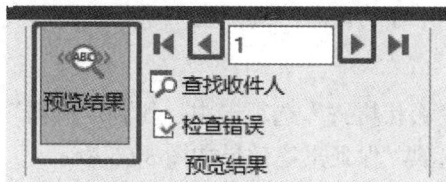

图 3.63　预览结果

(2) 若预览的结果全部无误，可在"邮件"选项卡中找到"完成"选项组，单击"完成并合并"下拉列表中的"编辑单个文档"选项，生成邀请函最终文档，如图 3.64 所示。

若预览的结果有误，则需返回数据源进行修改或核实。

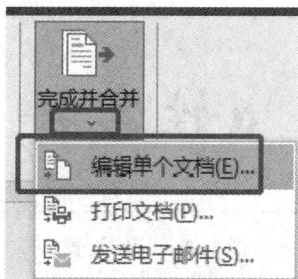

图 3.64　完成合并

任务 5　制作嘉宾桌签

1. 新建 Word 文档

在 Word 2016 程序中新建空白文档，纸张大小、方向和页边距无须设置，使用 Word 默认的即可，然后将此文档命名为"庆五一"晚会嘉宾桌签并保存。

2. 插入文本框

在文档上、下侧分别插入两个大小一样的横向文本框。

3. 文本输入

(1) 在文档上侧文本框中输入文字"嘉宾席",然后设置其字体为楷体、120 磅,加粗,设置好后在"形状格式"选项卡中将对齐文本设置为中部对齐,在"段落"选项组中将其对齐方式设置为居中,效果如图 3.65 所示。

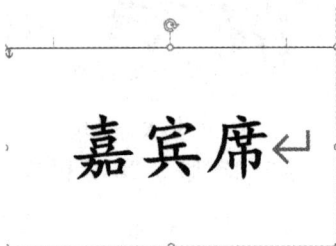

嘉宾席

图 3.65　设置对齐方式

(2) 使用与制作邀请函一样的方法,利用"邮件合并"功能,自动生成下侧文本框中的文字,无须输入。并且字体同样设置为楷体、120 磅,加粗,在"形状格式"选项卡中将对齐文本设置为中部对齐,在"段落"选项组中将其对齐方式设置为居中。

4. 旋转设置

选中上侧文本框,在"形状格式"选项卡中,找到"排列"选项组,单击"旋转"下拉列表中的"垂直翻转"选项,保证桌签效果如图 3.66 所示。

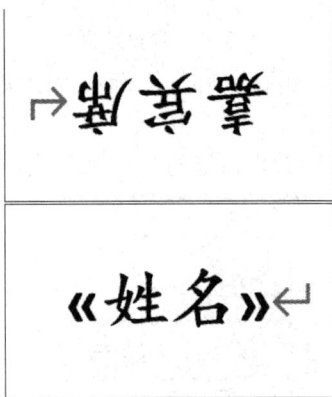

嘉宾席

《姓名》

图 3.66　旋转设置

5. 文本框格式设置

选中上侧文本框,在"形状格式"选项卡中设置文本框填充颜色为"无填充颜色",形状轮廓为"无轮廓"。

6. 生成嘉宾桌签文档

(1) 在"邮件"选项卡中找到"预览结果"选项组,单击"预览结果"按钮,此时可看到插入合并域后的效果。在查看时可单击"上一记录"按钮或"下一记录"按钮预览所有结果,以便核实是否有误。

(2) 若预览的结果全部无误，可在"邮件"选项卡中找到"完成"选项组，单击"完成并合并"下拉列表中的"编辑单个文档"选项，生成嘉宾桌签最终文档。

若预览的结果有误，则需返回数据源进行修改或核实。

项目 6　编排长文档

毕业设计(论文)是教学的重要组成部分，既是对学生学习、研究与实践成果的全面总结，也是对学生对应用知识能力与整体素质的一次系统检验。通过撰写毕业设计(论文)，能进一步培养学生对专业基础理论知识和实践技能综合运用的能力和分析解决问题的能力。毕业设计(论文)不仅文本内容多，且格式要求也多。

本项目将以毕业设计(论文)的编排来介绍长文档的编排，关于毕业设计(论文)每个学校都有不同的格式要求，本项目将以下面的要求来进行编排。

1. 毕业设计印制、排版格式

1) 印制格式

毕业设计封面、封底采用 200 g 白色铜版纸，胶装；内芯采用 A4 标准纸，双面打印，文字部分为黑白打印，图片或照片部分为彩色打印。

2) 排版格式

(1) 文首部分格式要求如表 3.1 所示。

表 3.1　文首部分格式要求

内　容	说 明 及 要 求
封面	封面严格按照学校提供的模板要求填写
中文摘要	"摘要"为三号黑体，加粗、居中，1.5 倍行距，段前段后 0 行；内容为小四号宋体，两端对齐，1.5 倍行距，段前段后 0 行，首行缩进 2 个字符
英文摘要	英文摘要与关键词之间间隔一行，"Abstract"为小二号 Times New Roman 加粗、居中，1.5 倍行距，段前段后 0 行；内容为小四号 Times New Roman，两端对齐，1.5 倍行距，段前段后 0 行，首行缩进 2 个字符
中文关键词	"关键词"：顶格，小四号宋体加粗，两端对齐，1.5 倍行距，段前段后 0 行；内容为小四号宋体，关键词之间用分号分隔，两端对齐，1.5 倍行距，段前段后 0 行
英文关键词	"Keywords"：顶格，小四号 Times New Roman 加粗，两端对齐，1.5 倍行距，段前段后 0 行；内容为小四号 Times New Roman，关键词之间用分号分隔，两端对齐，1.5 倍行距，段前段后 0 行
目　录	"目录"为三号黑体居中，1.5 倍行距，段前段后 0 行；内容为小四号宋体，左右分别对齐，1.5 倍行距，段前段后 0 行

(2) 正文部分格式要求如表 3.2 所示。

表 3.2　正文部分格式要求

层次(章节)	说 明 及 要 求
第 1 章　□□……	三号宋体，加粗，居中；1.5 倍行距，段前段后 0 磅/行；须有明确的标题
1.1　□□……	小三号宋体，顶格，加粗；1.5 倍行距，段前段后 0 磅/行；须有明确的标题
1.1.1　□□……	四号宋体，空 2 格左对齐，加粗；1.5 倍行距，段前段后 0 磅/行
(1) □□…	小四号宋体，空 2 格左对齐，加粗；1.5 倍行距，段前段后 0 磅/行
① □□…	小四号宋体，空 2 格左对齐，加粗；1.5 倍行距，段前段后 0 磅/行
正文(含结论)	首行空两格，小四号宋体；正文中的注释内容，五号宋体；两端对齐，1.5 倍行距，段前段后 0 磅/行
	"结论"为三号宋体，加粗、居中，1.5 倍行距，段前段后 0 磅/行；内容为小四号宋体，两端对齐，1.5 倍行距，段前段后 0 磅/行，首行空两格

(3) 文尾部分格式要求如表 3.3 所示。

表 3.3　文尾部分格式要求

内 容	说 明 及 要 求
参考文献	三号宋体，加粗、居中，1.5 倍行距，段前段后 0 行；内容为小四号宋体，两端对齐，1.5 倍行距，段前段后 0 行，首行空两格
致 谢	三号宋体，加粗、居中，1.5 倍行距，段前段后 0 行；内容为小四号宋体，两端对齐，1.5 倍行距，段前段后 0 行，首行空两格
附 录	按二级学院(部)实施办法的要求

补充：

毕业设计(论文)页码总体要求：封面、诚信承诺书不要页码，摘要-目录页码格式为"Ⅰ、Ⅱ、Ⅲ……"，且摘要为第Ⅰ页；正文-致谢页码格式为"1、2、3……"，正文第一页页码为 1。

2. 表格、插图排版格式

1) 表格

每一个表格都应有表标题和表序号。表序号一般按章编排，如第 2 章第 4 个表的序号为"表 2.4"。表标题和表序之间应空一格，表标题中不能使用标点符号，表标题和表序号居中置于表上方(中文为黑体五号、加粗，数字和字母为 Time New Roman 五号、加粗)。表格内容为宋体五号，1.5 倍行距；整个表格居中对齐。引用表格应在表标题的右上角加引文序号。

表格出现前应在正文中予以引出(表 2.4、见表 2.4、如表 2.4 等)。表与表标题、表序号为一个整体，不得拆开排版为两页。当页空白不够排版该表整体时，可将其后文字部分提前，将表移至次页最前面。

2) 插图

插图应与文字内容相符，技术内容正确。所有制图应符合国家标准和专业标准。对无规定符号的图形应采用该行业的常用画法。

每幅插图应有图标题和图序号。图序号按章编排，如第 1 章第 4 幅插图序号为"图 1.4"。图序号之后空一格写图标题，图序号和图标题居中置于图下方(中文为黑体五号、加粗，数字和字母为 Time New Roman 五号、加粗)。图片：居中对齐。引用图应在图标题右上角标注引文序号。图中若有分图，分图号用(a)、(b)等置于分图下、图标题之上。

图中的各部分中文或数字标示应置于图标题之上(有分图者置于分图序号之上)。

插图出现前应在正文中予以引出(如：图 2.4、见图 2.4、如图 2.4 等)。图与图标题、图序号为一个整体，不得拆开排版为两页。当页空白不够排版该图整体时，可将其后文字部分提前，将图移至次页最前面。

毕业设计统一采用 Word 软件(或兼容软件)编辑排版。定稿论文文本同时转换为 PDF 文档。

任务 1　确定长文档排版布局

1. 了解毕业设计(论文)结构

毕业设计(论文)结构包括封面、诚信承诺书、摘要与关键词、目录、正文、参考文献、致谢和附录。其中封面、诚信承诺书各自单独一页，摘要与关键词在一页，目录、正文、参考文献和致谢均需在撰写时单独另起一页。

2. 毕业设计(论文)排版布局

了解了毕业设计(论文)的结构后，按照要求将毕业设计(论文)的内容进行划分，需另起一页的则另起一页。

另起一页会涉及插入空白页。用户可将光标移动至当前页面的文字末端，在"插入"选项卡中找到"页面"选项组，单击"空白页"按钮即可插入下一页。将光标移动至当前页面第一个文字之前，单击"空白页"按钮，将在此页之前插入一页。

任务 2　编排长文档封面

要求中显示：封面严格按照学校提供的模板要求填写。若封面为单独的一页，则需跟正文文档合在一起，其步骤如下。

(1) 在正文内容前插入新的一页。

(2) 打开封面文档，全选封面文档内容，然后选择复制。

(3) 打开正文所在的文档，单击要存放封面的那一页，然后右击，在快捷键菜单中选择"保留源格式粘贴"命令即可(保留源格式粘贴不会改动原来封面的格式)，如图 3.67 所示。

图 3.67　保留源格式粘贴

任务 3　编排长文档摘要

摘要这一页包括题目、中文摘要、中文关键词、英文摘要和英文关键词。

1. 中文摘要格式设置

1) "摘要"格式设置

选中"摘要"，然后将其字体设置为三号黑体、加粗，如图 3.68 所示。段落对齐方式设置为居中对齐，行距设置为 1.5 倍行距，段落间距为段前段后 0 行。

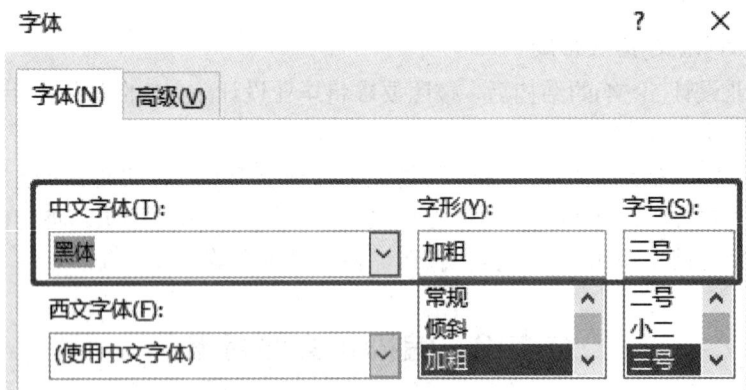

图 3.68　字体设置

2) 摘要内容格式设置

选中摘要内容，将其字体设置为小四号宋体，段落对齐方式设置为两端对齐，首行特殊缩进 2 个字符，行距设置为 1.5 倍行距，段落间距为段前段后 0 行，如图 3.69 所示。

图 3.69　段落设置

2. 中文关键词格式设置

中文关键词位于摘要内容下一行，其格式设置如下。

1)　"关键词"格式设置

选中"关键词"，将其字体设置为小四号宋体、加粗，顶格设置，行距设置为 1.5 倍行距，段落间距为段前段后 0 行。

2)　关键词内容格式设置

选中关键词内容(内容用分号分隔)将其字体设置为小四号宋体，段落对齐方式设置为两端对齐，行距设置为 1.5 倍行距，段落间距为段前段后 0 行。

3. 英文摘要格式设置

英文摘要与关键词之间间隔一行，其格式设置如下。

1)　"Abstract"格式设置

选中"Abstract"，将其字体设置为小二号 Times New Roman、加粗，段落对齐方式设置为居中对齐，行距设置为 1.5 倍行距，段落间距为段前段后 0 行。

2)　英文摘要内容格式设置

选中英文摘要内容，将其字体设置为小四号 Times New Roman，段落对齐方式设置为两端对齐，行距设置为 1.5 倍行距，段落间距为段前段后 0 行。

4. 英文关键词格式设置

英文关键词位于英文摘要内容下一行，其格式设置如下。

1) "Key words"格式设置

选中"Key words"，将其字体设置为小四号 Times New Roman、加粗，段落对齐方式设置为两端对齐，行距设置为 1.5 倍行距，顶格，段落间距为段前段后 0 行。

2) 英文关键词内容格式设置

选中英文关键词内容，将其字体设置为小四号 Times New Roman，段落对齐方式设置为两端对齐，行距设置为 1.5 倍行距，段落间距为段前段后 0 行，关键词之间用英文输入法下的分号分隔。

5. 最终效果

格式设置完成后的摘要和关键词内容效果如图 3.70 所示。

摘要

在过去短短的几年里，网络发生了根本性的变化：网桥已经退出了历史的舞台，在LAN中共享式以太网越来越少。人们对于网络的要求导致了新一代网络的诞生和发展，其中交换技术可以说是新的网络时代的核心。 交换技术具备强大的寻址能力和出色的稳定性，为需要高带宽的应用程序提供了解决办法，同时也解决了网络智能化问题，它极大地促进了网络的发展。毫无疑问，LAN交换技术已经成为一项重要的技术 ，并在今天广泛地流行起来。

关键词：电路交换；分组交换；多层交换技术

Abstract

In the past few short years, the network has undergone fundamental changes: the bridge has withdrawn from the stage of history, and shared Ethernet is less and less in the LAN network. People's requirements for the network have led to the birth and development of a new generation of network, in which switching technology can be said to be the core of the new network era. Switching technology has strong addressing capability and excellent stability, which provides a solution for applications that require high bandwidth, and also solves the problem of network intelligence, which greatly promotes the development of the network. There is no doubt that LAN switching technology has become an important technology and is widely popular today.

Key words: circuit switching; packet switching; multilayer switching technology

图 3.70　摘要和关键词最终效果

任务 4　编排长文档正文

1. 一级标题设置

1) 一级标题格式模板设置

(1) 选中一级标题"第 1 章 前言"，在"开始"选项卡中找到"样式"选项组，单击"标题"选项，然后右击，在弹出的快捷菜单中选择"修改"命令，如图 3.71 所示，打开"修改样式"对话框。

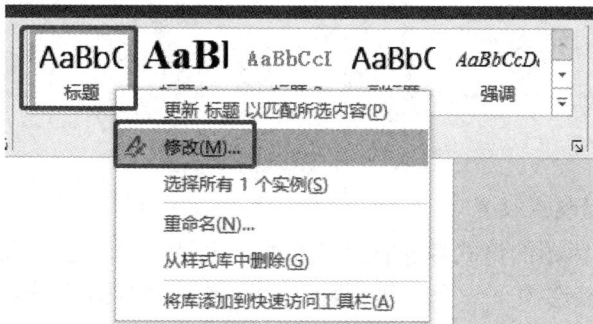

图 3.71　修改标题格式

(2) 单击"修改样式"对话框最下方的"格式"下拉按钮，在里面选择"字体"选项或"段落"选项等，逐一根据要求对字体和段落进行设置：将其字体设置为三号宋体、加粗，对齐方式设置为居中对齐；段落行距设置为 1.5 倍行距，段落间距设置为段前段后 0 磅。具体设置如图 3.72、图 3.73 所示。

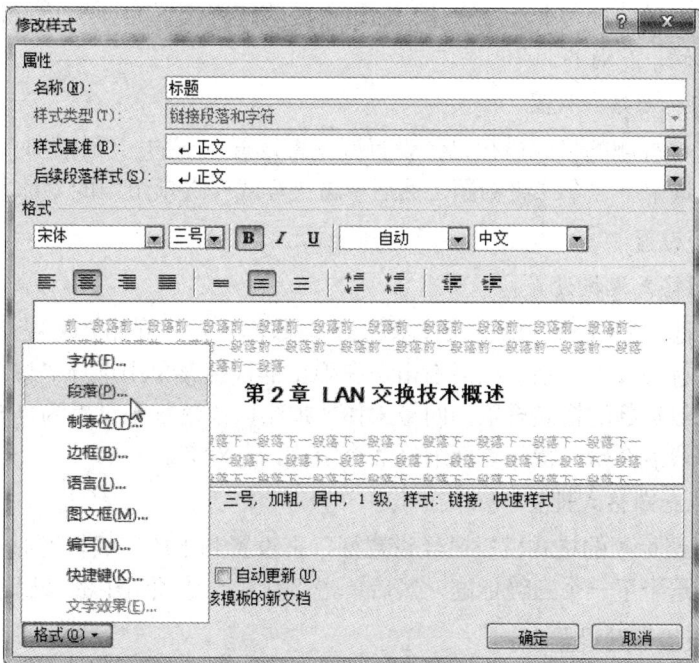

图 3.72　"格式"下拉列表

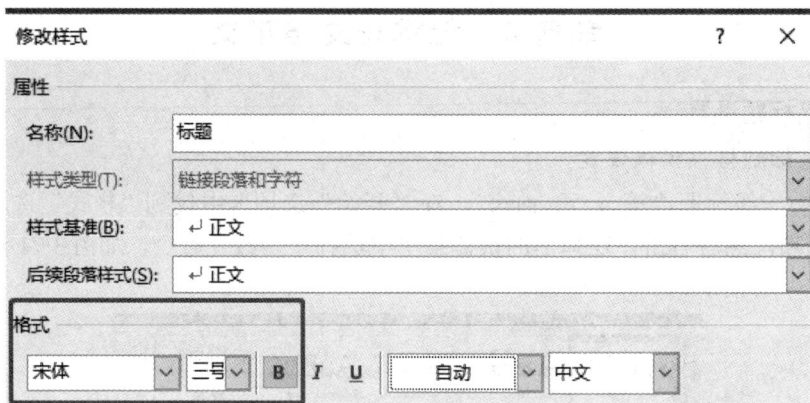

图 3.73　一级标题字体设置

2) 其他一级标题格式设置

在 1)中将一级标题的格式模板已经设置好，再设置剩下的一级标题时不需要单独进行格式设置，直接选中下一个一级标题，然后单击"样式"选项组中的"标题"选项即可。

2. 二级标题设置

1) 二级标题格式模板设置

选中二级标题"2.1　LAN 网工作原理"，在"开始"选项卡中找到"样式"选项组，单击"标题 1"选项，然后右击，在弹出的快捷菜单中选择"修改"命令。按照同样的方式将二级标题的格式设置为小三号宋体、加粗；段落行距设置为 1.5 倍行距，段落间距设置为段前段后 0 磅，左对齐。

2) 其他二级标题格式设置

在 1)中将二级标题的格式模板已经设置好，再设置剩下的二级标题时不需要单独进行格式设置，直接选中下一个二级标题，然后单击"样式"选项组中的"标题 1"选项即可。

3. 三级标题设置

1) 三级标题格式模板设置

选中三级标题"3.3.1 第三层交换技术的工作原理"，在"开始"选项卡中找到"样式"选项组，单击"标题 2"选项，然后右击，在弹出的快捷菜单中选择"修改"命令。按照同样的方式将三级标题的格式设置为四号宋体、加粗；段落行距设置为 1.5 倍行距，段落间距设置为段前段后 0 磅，特殊首行缩进 2 个字符，左对齐。

2) 其他三级标题格式设置

在 1)中将三级标题的格式模板已经设置好，再设置剩下的三级标题时不需要单独进行格式设置，直接选中下一个三级标题，然后单击"样式"选项组中的"标题 2"选项即可。

4. 四级、五级标题设置

1) 四级标题格式模板设置

选中四级标题"(1)第三层交换的特点"，在"开始"选项卡中找到"样式"选项组，单击"无间隔"选项，然后右击，在弹出的快捷菜单中选择"修改"命令。按照同样的方式将四级标题的格式设置为小四号宋体、加粗；段落行距设置为 1.5 倍行距，段落间距设置为段前段后 0 磅，特殊首行缩进 2 个字符，左对齐。

2) 其他四级、五级标题格式设置

因为四级和五级格式要求一致，所以四级、五级标题格式设置时，可同时用同一个标题格式模板。

5. 正文格式设置

1) 正文格式模板设置

选中其中一段正文内容，如"通信中交换的要领源于电话交换……进行较详细的讨论"，在"开始"选项卡中找到"样式"选项组，单击"正文"选项，然后右击，在弹出的快捷菜单中选择"修改"命令。按照同样的方式将正文的格式设置为小四号宋体；段落行距设置为 1.5 倍行距，段落间距设置为段前段后 0 磅，特殊首行缩进 2 个字符，两端对齐。

注意：此时设置的模板，正文中的注释、"结论"二字不可用，结论的内容可用。

2) 其他正文格式设置

格式要求一致的正文内容可使用正文格式模板，选中内容，然后单击"正文"选项即可。

3) "结论"格式设置

选中"结论"，然后将其字体设置为三号宋体、加粗，对齐方式设置为居中对齐，行距设置为 1.5 倍行距，间距设置为段前段后 0 磅。

6. 参考文献格式设置

参考文献另起一页撰写，其格式设置步骤如下。

(1) 选中"参考文献"，将其字体设置为三号宋体、加粗，对齐方式设置为居中对齐，段落设置为 1.5 倍行距，段前段后 0 行。

(2) 选中参考文献内容，将其字体设置为小四号宋体，对齐方式设置为两端对齐，行距设置为 1.5 倍行距，间距设置为段前段后 0 磅。

7. 致谢格式设置

致谢另起一页撰写，其格式设置步骤如下。

(1) 选中"致谢"，将其字体设置为三号宋体、加粗，对齐方式设置为居中对齐，段落行距设置为 1.5 倍行距，段前段后设置为 0 磅。

(2) 选中致谢内容，将其字体设置为小四号宋体，对齐方式设置为两端对齐，段落行距设置为 1.5 倍行距，段前段后设置为 0 磅。

任务 5　插入图表题注

(1) 在插入图题注前，仅保留图标题，如图 3.74 所示。

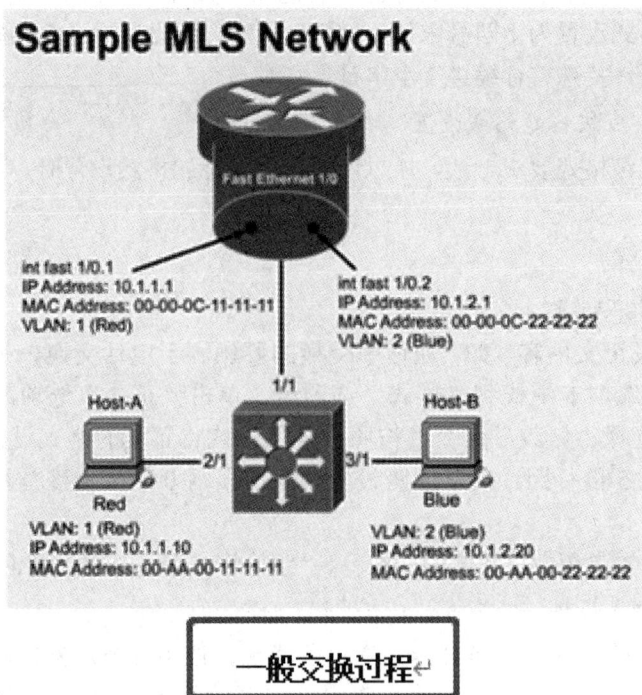

图 3.74　图标题

(2) 将光标移动至要插入图题注的图标题前，然后在"引用"选项卡中找到"题注"选项组，单击"插入题注"按钮，在弹出的"题注"对话框中单击"新建标签"按钮，如图 3.75 所示。

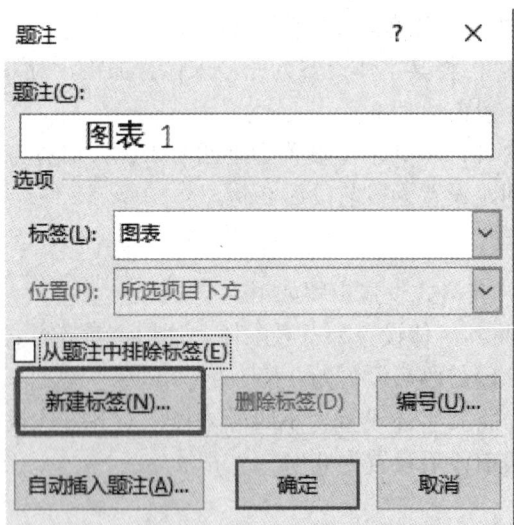

图 3.75　"题注"对话框

(3) 在弹出的"新建标签"对话框中输入"图"，如图 3.76 所示，单击"确定"按钮，核实一下图序号是否为"图"，确认无误后单击"确定"按钮即可。

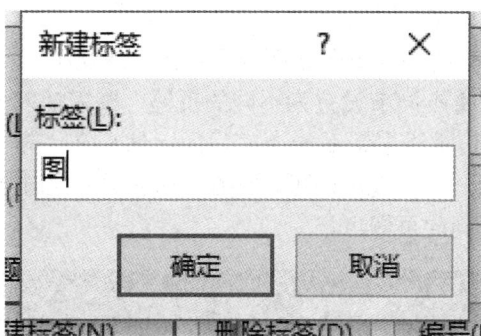

图 3.76　新建标签

(4) 选中图标题，在"样式"中单击"题注"选项，然后右击，在快捷菜单中选择"修改"命令，按照要求对图标题格式进行设置。要求：中文字体设置为黑体五号，西文字体为 Times New Roman 五号、加粗，如图 3.77 所示。(因为无法同时设定常规和加粗，所以需要在设置完成后，选中需要加粗的文字单独单击"加粗"按钮即可。)

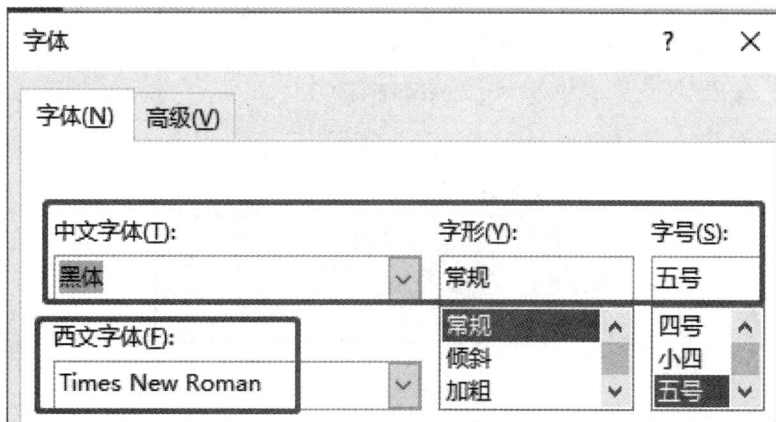

图 3.77　图题注格式设置

(5) 在插入表题注时，需要新建标签，在弹出的"新建标签"对话框中输入"表 3."即可。然后单击"样式"中的"题注"选项即可设置样式，个别需要加粗的还需单独选中后设置。

任务 6　插 入 页 码

在插入页眉、页码前需明确每个版块的页码要求，要求示例如下。

(1) 封面、诚信承诺书不要页码，摘要和目录的页码格式为"Ⅰ，Ⅱ，Ⅲ，…"，且摘要为第Ⅰ页；正文和致谢的页码格式为"1，2，3，…"，正文第一页页码为 1。

(2) 摘要和目录的页码位于中部，正文和致谢的页码为奇数页位于页面左侧，偶数页位于页面右侧。

(3) 无页眉。

按照以上要求，页码格式设置步骤如下。

1. 插入分节符

通过页码格式要求，可明确在页码方面封面和诚信承诺书为一节，摘要和目录为一节，正文和致谢为一节。为了将不同节设置为不同的页码，则需插入分节符。

(1) 将光标移动至诚信承诺书最后一个字后面，然后在"布局"选项卡中，单击"分隔符"下拉按钮，选择"下一页"选项即可，如图 3.78 所示。此时将有新的一页，按<Delete>键，将后面的摘要内容提到此页即可。

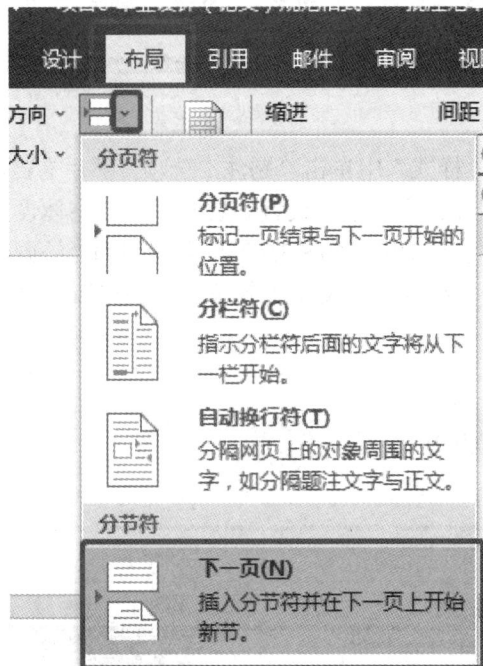

图 3.78　插入分节符

(2) 将光标移动至正文第一个字前面，然后在"布局"选项卡中，单击"分隔符"下拉按钮，选择"下一页"选项即可。此时将有新的一页，此页用于生成目录(在排版划分时无须给生成的目录留空白页)。

注意：核实是否插入分节符，哪些位置插入分节符，可在"视图"选项卡中单击"大纲"按钮，切换到大纲模式查看，如图 3.79 所示。

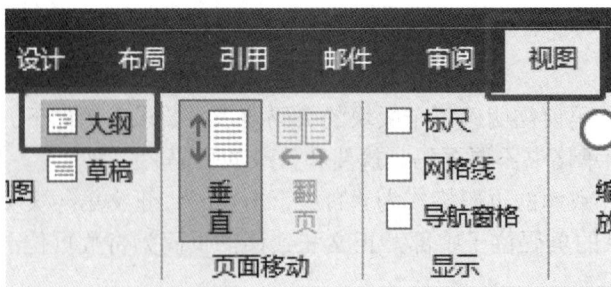

图 3.79　切换到大纲模式

2. 插入页码

(1) 将光标移至摘要页，在"插入"选项卡中，单击"页码"下拉按钮，选择"页面底端"→"普通数字 2"选项，如图 3.80 所示。

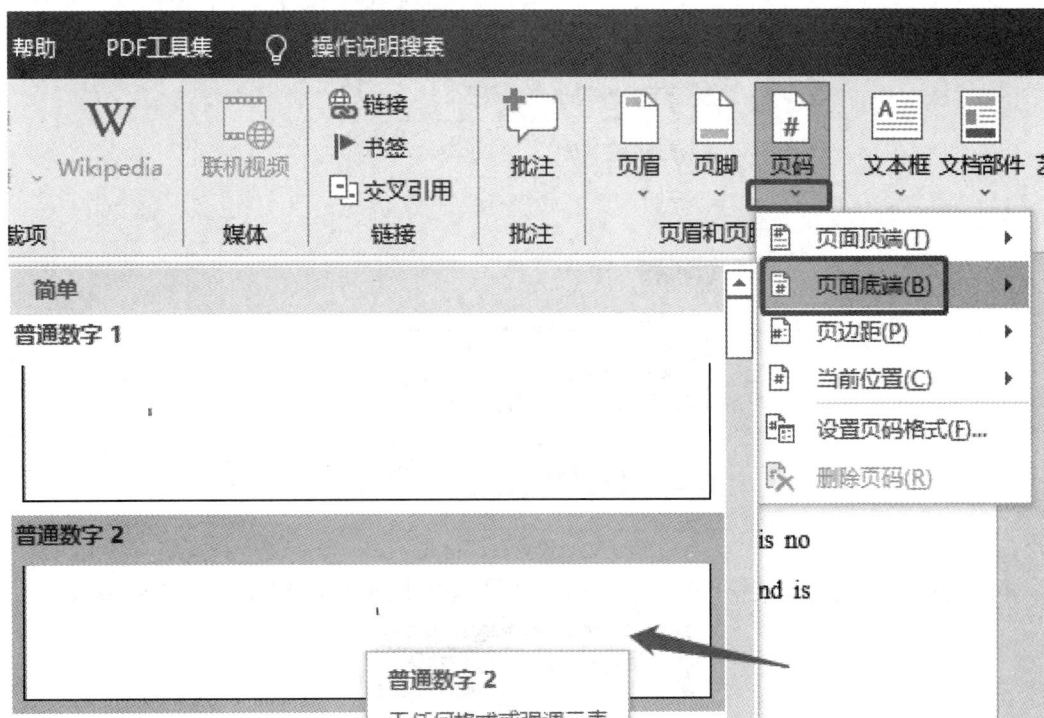

图 3.80　插入页码

(2) 此时会发现封面和诚信承诺书也插入了页码，这时将光标移动至摘要页码，单击取消"链接到前一节"，如图 3.81 所示，然后单击封面页码，在"页眉和页脚"选项卡中，单击"页脚"下拉列表中的"删除页脚"选项，这时封面和诚信承诺书的页码均被删除。

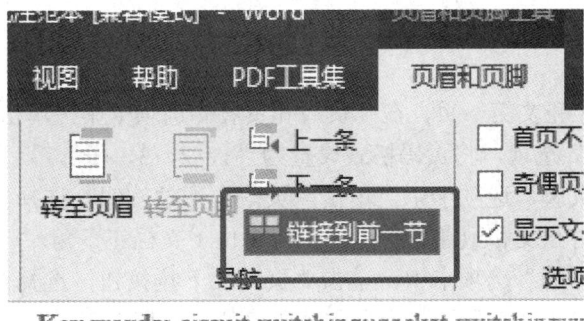

图 3.81　取消"链接到前一节"

(3) 这时将光标移动至摘要页码，在"页眉和页脚"选项卡中，单击"页码"下拉按钮，选择"设置页码格式"选项，按要求设置页码格式，如图 3.82 所示。

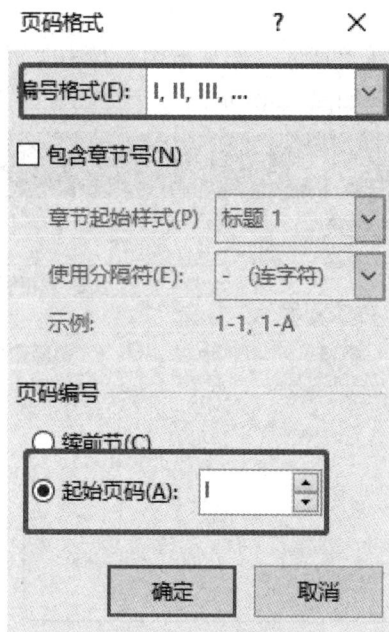

图 3.82　设置页码格式

（4）将光标移动至正文第一页，然后勾选"奇偶页不同"复选框，如图 3.83 所示。

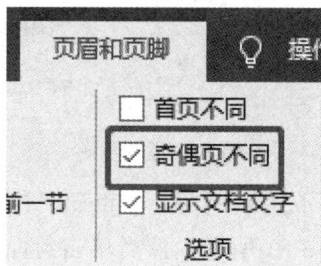

图 3.83　勾选"奇偶页不同"复选框

（5）此时会发现正文也插入了页码，将光标移动至正文第一页页码，单击取消"链接到前一节"；将光标移动至正文第二页页码，单击取消"链接到前一节"，这时奇偶页均不会链接上一节的页码。

（6）将光标移动至正文第一页，在"页眉和页脚"选项卡中，单击"页码"下拉按钮，选择"设置页码格式"选项，将页码格式设置为"1，2，3，…"。

（7）在"页眉和页脚"选项卡中，单击"页码"下拉按钮，选择"页面底端"→"普通数字 1"选项，此时正文和致谢奇数页的页码将位于文档左下角。

（8）在"页眉和页脚"选项卡中，单击"页码"下拉按钮，选择"页面底端"→"普通数字 3"选项，此时正文和致谢偶数页的页码将位于文档右下角。

任务 7　提取和生成目录

（1）双击文档中部退出页码编辑状态，将光标移动至摘要后的空白页，在"引用"选项卡中，选择“目录”下拉列表中的“自动目录 1”选项，此时会自动生成目录，如图 3.84 所示。

目录

第 1 章 前言 1

第 2 章 LAN 交换技术概述 1

2.1　LAN 网工作原理 1

2.2　LAN 网分类 1

第 3 章 多层交换技术 2

3.1 第一层功能 2

3.2 第二层功能 2

3.3 第三层功能 2

3.3.1 第三层交换技术的工作原理 2

3.3.2 第三层交换技术的体系结构 3

图 3.84　自动生成目录

(2) 选中“目录”，将字体设置为三号黑体、加粗，对齐方式设置为居中对齐，间距设置为段前段后 0 行，行距设置为 1.5 倍行距。

(3) 选中目录内容，将字体设置为小四号宋体，对齐方式设置为两端对齐，行距设置为 1.5 倍行距，间距设置为段前段后 0 行。

模块 4

Excel 2016 电子表格处理软件

项目 1　制作学生信息登记表

学生管理工作是一项非常重要而又烦琐的工作，尤其是高校学生管理工作，辅导员要管理多个班级，学院的各种通知需要及时传达给学生。为了方便管理，及时了解学生信息，特制作学生基本信息登记表，如图 4.1 所示。

学生基本信息登记表

学号	姓名	性别	出生年月	籍贯	联系电话	电子邮箱
10220301	赵孟桐	男	1991/5/14	河南省	13█████████702	mengke@yahoo.com.cn
10220302	郭█桓	男	1989/4/16	河南省	13█████████703	mengke@163.com
10220303	张█刚	女	1990/10/27	河北省	13█████████704	mengke@sina.com
10220304	胡军█	女	1990/5/1	辽宁省	13█████████705	mengke@hotmail.com
10220305	赵占峰	男	1990/8/24	黑龙江省	13█████████706	mengke@163.com
10220306	丁█霞	女	1992/4/6	黑龙江省	13█████████707	mengke@263.net
10220307	李█杰	男	1993/2/10	江苏省	13█████████708	mengke@sohu.com.com
10220308	李红霞	女	1990/5/15	浙江省	13█████████709	mengke@sina.com
10220309	陈██	男	1991/9/13	陕西省	13█████████710	mengke@163.com
10220310	谢██	女	1991/4/23	四川省	13█████████711	mengke@126.com
10220311	张██	女	1987/12/14	重庆市	13█████████712	mengke@hotmail.com
10220312	焦██	男	1990/4/8	青海省	13█████████713	mengke@126.com
10220313	段██	女	1989/12/16	山东省	13█████████714	mengke@qq.com
10220314	赵██	男	1989/11/16	山西省	13█████████709	mengke@163.com
10220315	胡██	男	1991/6/21	陕西省	13█████████710	mengke@hotmail.com
10220316	刘██	男	1991/7/15	湖北省	13█████████711	mengke.com
10220317	井██	女	1992/12/26	湖北省	15█████████755	mengke@qq.com
10220318	杨██	女	1991/4/27	山西省	15█████████756	mengke@qq.com
10220319	刘██	男	1989/4/7	山东省	15█████████757	mengke@qq.com
10220320	李██	男	1990/9/2	云南省	15█████████758	mengke@qq.com

图 4.1　学生基本信息登记表

任务 1　认识 Excel 2016

(1) 单击"开始"按钮，在所有程序列表中找到 Excel 2016，单击图标启动软件，或双击桌面上的快捷方式启动软件。启动 Excel 2016 后进入开始界面，如图 4.2 所示。

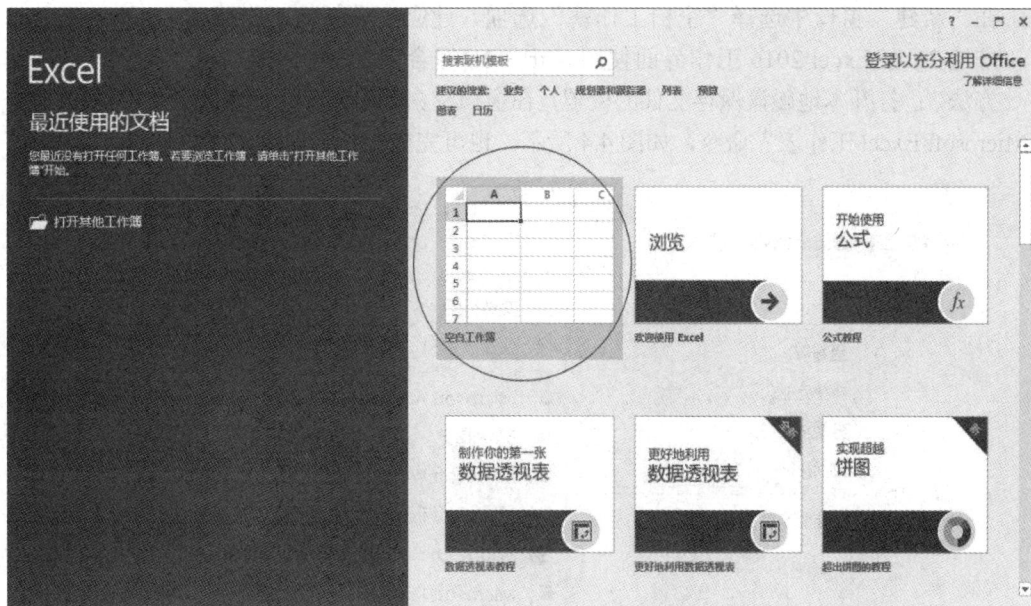

图 4.2 启动 Excel 2016

(2) 单击"空白工作簿"选项即可进入 Excel 2016 工作界面，如图 4.3 所示。其窗口主要由标题栏、功能区、编辑栏、工作表编辑区、状态栏等组成。

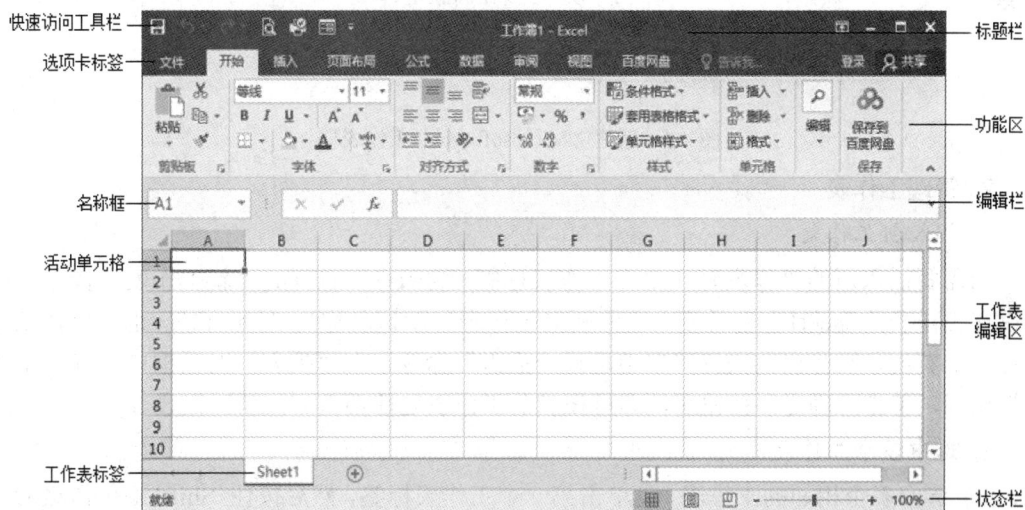

图 4.3 Excel 2016 工作界面

任务 2 熟悉工作簿与工作表的基本操作

1. 工作簿的建立与保存

方法 1：启动 Excel 2016 后，系统会自动创建"工作簿 1.xlsx"，如果用户需建立一个新的工作簿，可在 Excel 2016 工作界面中选择"文件"→"新建"命令，打开"新建"窗口。在"新建"窗口中选择"空白工作簿"选项，建立一个新的工作簿。

方法 2：在 Excel 2016 工作界面使用<Ctrl + N>组合键，也可快速创建一个空白工作簿。

方法 3：打开本地磁盘保存文件的位置，在窗口空白处右击，选择快捷菜单中的"新建→"Microsoft Excel 工作表"命令，如图 4.4 所示，也可完成空白工作簿文件的创建。

图 4.4　新建"Microsoft Excel 工作表"

2. 管理工作表

1) 插入新工作表

当需要插入新的工作表时，单击工作表标签"Sheet1"右侧的"新工作表"按钮，就可以在工作表"Sheet1"之后插入一张新的工作表，默认名称为"Sheet2"；也可以在工作表标签上右击，在弹出的快捷菜单中选择"插入"命令，在"插入"对话框中选择"工作表"选项，单击"确定"按钮后，即可在当前工作表之前插入一张新工作表。

2) 选中多个工作表

(1) 选中多个相邻的工作表。先单击第一个工作表标签，然后按住<Shift>键单击最后一个工作表标签，这些被选中的工作表标签名的背景色会由灰色变为白色。

(2) 选中多个不相邻的工作表。单击第一个工作表标签，按住<Ctrl>键，分别单击要选中的工作表标签。

(3) 选中工作簿中的所有工作表。可在工作表标签上右击，在快捷菜单中选择"选定全部工作表"命令。

3) 重命名工作表

双击工作表标签"Sheet1"，输入"学生基本信息登记表"，按<Enter>键确认，可将工作表"Sheet1"重命名为"学生基本信息登记表"；也可以在需要重命名的工作表标签上右击，在弹出的快捷菜单中选择"重命名"命令，输入新的名称后按<Enter>键确认，即可完成工作表的重命名。

4) 移动或复制工作表

在工作表标签中选中工作表，使用鼠标拖动到某个工作表之前(或之后)，可实现工作表的移动；如果在拖动的同时按住<Ctrl>键，可实现工作表的复制；也可通过选择"开始"选项卡，在"单元格"选项组中选择"格式"下拉列表中的"移动或复制工作表"选项来完成工作表的移动或复制操作；或在工作表标签上右击，在弹出的快捷菜单中选择"移动或复制"命令。

5) 删除工作表

选中工作表，选择"开始"选项卡，在"单元格"选项组中选择"删除"下拉列表中的"删除工作表"选项，即可删除选中的工作表。或者将鼠标指针指向要删除的工作表，右击，在弹出的快捷菜单中选择"删除"命令。

6) 隐藏和取消隐藏工作表

选中工作表，选择"开始"选项卡，在"单元格"选项组中选择"格式"下拉列表中的"隐藏和取消隐藏"下的"隐藏工作表"选项，可将选中的工作表隐藏；如果要显示隐藏的工作表，则选择"开始"选项卡，在"单元格"选项组中选择"格式"下拉列表中的"隐藏和取消隐藏"下的"取消隐藏工作表"选项，在打开的"取消隐藏"对话框中选择要取消隐藏的工作表即可。

7) 设置工作表标签颜色

在工作表标签上右击，从快捷菜单中选择"工作表标签颜色"命令，然后在子菜单中选择所需颜色，即可完成工作表标签颜色的设置。

3. 编辑工作表

1) 单元格与单元格区域的选择

(1) 用鼠标单击某个单元格，可以选中单个单元格。

(2) 按住鼠标左键，从第一个单元格拖动到最后一个单元格，可以选中多个相邻的单元格区域；或单击要选择区域的第一个单元格，然后按住<Shift>键单击最后一个单元格，即可选中它们之间的所有单元格。

(3) 选中一个相邻的单元格区域后，按住<Ctrl>键的同时再选择另一个相邻的单元格区域，可以选中多个不相邻的单元格区域。

(4) 在工作表中，按<Ctrl + A>组合键，可以将工作表中的所有单元格选中。

2) 选择、插入与删除行或列

(1) 单击行号或列号，可选中单行或单列。

(2) 按住鼠标左键，对行或列进行拖动，可以选中多个相邻的行或列。

(3) 在行号或列号上单击的同时，按住<Ctrl>键，再单击其他行号或列号，可以选中多个不相邻的行或列。

(4) 在行号或列号上右击，在弹出的快捷菜单中选择"插入"命令，可在选中的行或列前插入一行或一列。

（5）选择要删除的行或列，右击，在弹出的快捷菜单中选择"删除"命令，可以删除选中的行或列。

3）移动、复制与清除数据

（1）移动数据：选定要移动数据的单元格或单元格区域，选择"开始"选项卡，在"剪贴板"选项组中单击"剪切"按钮，然后选中目标单元格或者目标区域的第一个单元格，单击"剪贴板"选项组中的"粘贴"按钮；或者选定要移动数据的单元格或单元格区域后，右击，在弹出的快捷菜单中选择"剪切"命令，然后选中目标单元格或者目标区域的第一个单元格，右击，在弹出的快捷菜单中选择"粘贴选项"中的"粘贴"命令。

（2）复制数据：选中要复制数据的单元格或单元格区域，选择"开始"选项卡，在"剪贴板"选项组中单击"复制"按钮，然后选中目标单元格或者目标区域的第一个单元格，单击"剪贴板"选项组中的"粘贴"按钮。复制数据同样也可以通过右键快捷菜单完成。

（3）清除数据：选中要清除数据的单元格或单元格区域，选择"开始"选项卡，在"编辑"选项组中单击"清除"按钮，在下拉列表中选择要清除的项目进行清除。

4）选择性粘贴

单元格中除了有数值以外，还可能包含公式、格式、批注等，当只需复制数据中部分内容或格式时，可使用选择性粘贴操作，操作方法为：选择需要复制的单元格，在选区中右击，在弹出的快捷菜单中选择"复制"命令；选中目标单元格，右击，在弹出的快捷菜单中选择"选择性粘贴"命令，弹出"选择性粘贴"对话框，如图 4.5 所示。在"选择性粘贴"对话框中，选择所需粘贴的选项，单击"确定"按钮，退出对话框。

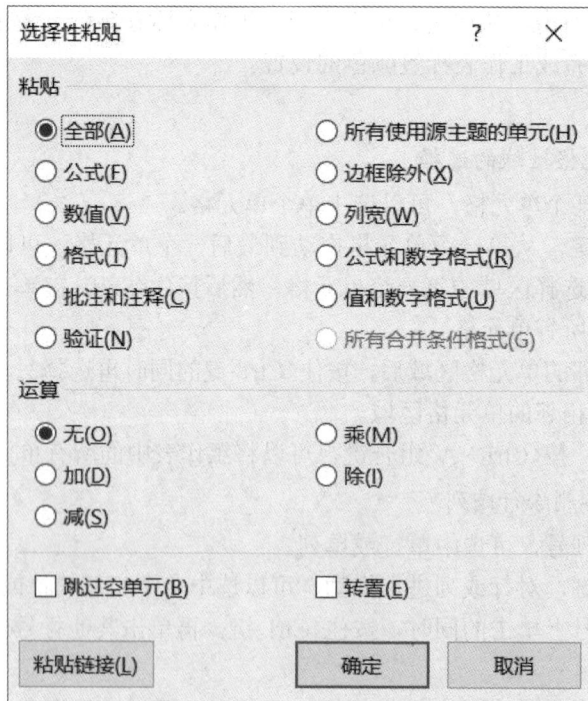

图 4.5　"选择性粘贴"对话框

5) 冻结窗格

当工作表中数据量比较大时，一旦向下或向右滚屏，则上面的标题行或左侧的标题列也会跟着滚动，在处理数据时往往难以分清各行各列数据对应的标题。要解决这一问题，可使用"冻结窗格"功能。操作方法为：单击标题下一行中的任意单元格，选择"视图"选项卡，在"窗口"选项组中单击"冻结窗格"按钮，从下拉列表中选择"冻结窗格"选项，可实现滚动工作表其余部分时，保持所选单元格上方标题行和左侧标题列始终可见。

如果要取消冻结，可单击"冻结窗格"按钮，从下拉列表中选择"取消冻结窗格"选项。

任务 3 编 辑 数 据

1. 输入数据

(1) 打开"学生基本信息登记表.xlsx"文档，在当前工作表"Sheet1"中，选中 A1 单元格，输入标题"学生基本信息登记表"。

(2) 在 A2 单元格中输入"学号"，并按<Tab>键，将 B2 单元格作为当前活动单元格，输入"姓名"，使用同样的方法依次输入表格标题行的内容，如图 4.6 所示。

	A	B	C	D	E	F	G
1	学生基本信息登记表						
2	学号	姓名	性别	出生年月	籍贯	联系电话	电子邮箱
3							
4							

图 4.6 输入表格标题

(3) 在 A3 单元格中输入学号"10220301"，按<Enter>键后，单元格中的内容默认为右对齐显示，默认格式为数字格式。因为学生学号不需要参与数学运算，需将其设置为文本类型。操作方法为：在"10220301"前输入西文单引号"'"；或先输入西文单引号"'"，然后输入学号"10220301"。

(4) 将鼠标指针指向 A3 单元格的"填充柄"(位于单元格右下角的小方块)，此时鼠标指针变为黑十字，按住鼠标左键向下拖动填充柄，拖至 A22 单元格时释放鼠标即可，此时 A3:A22 单元格区域中依次显示 10220301～10220320 的学生学号。

(5) 选中 B3 单元格，在 B3 单元格中输入姓名"赵孟轲"，按<Enter>键。在 B4 单元格中输入姓名"郭晨旭"，按<Enter>键。用同样的方法依次输入其他学生的姓名。

(6) 选中 C3 单元格，在 C3 单元格中输入"男"，将鼠标指针指向 C3 单元格的右下角，当鼠标指针变为黑十字时，双击填充柄，将"性别"列的内容全部填充为"男"。

(7) 按住<Ctrl>键，依次单击性别需修改为"女"的单元格，选择完成后输入"女"，按<Ctrl + Enter>组合键，可将选中的单元格内容修改为"女"。

(8) 选中 D3 单元格，在 D3 单元格中输入出生日期"1991/5/14"，按<Enter>键。在 D4 单元格中输入出生日期"1989/4/16"，按<Enter>键。用同样的方法依次输入其他学生的出生日期。

(9) 依次输入学生的籍贯、联系电话和电子邮箱信息，完成表格数据的输入，将文档保存为“学生基本信息登记表.xlsx”，如图 4.7 所示。

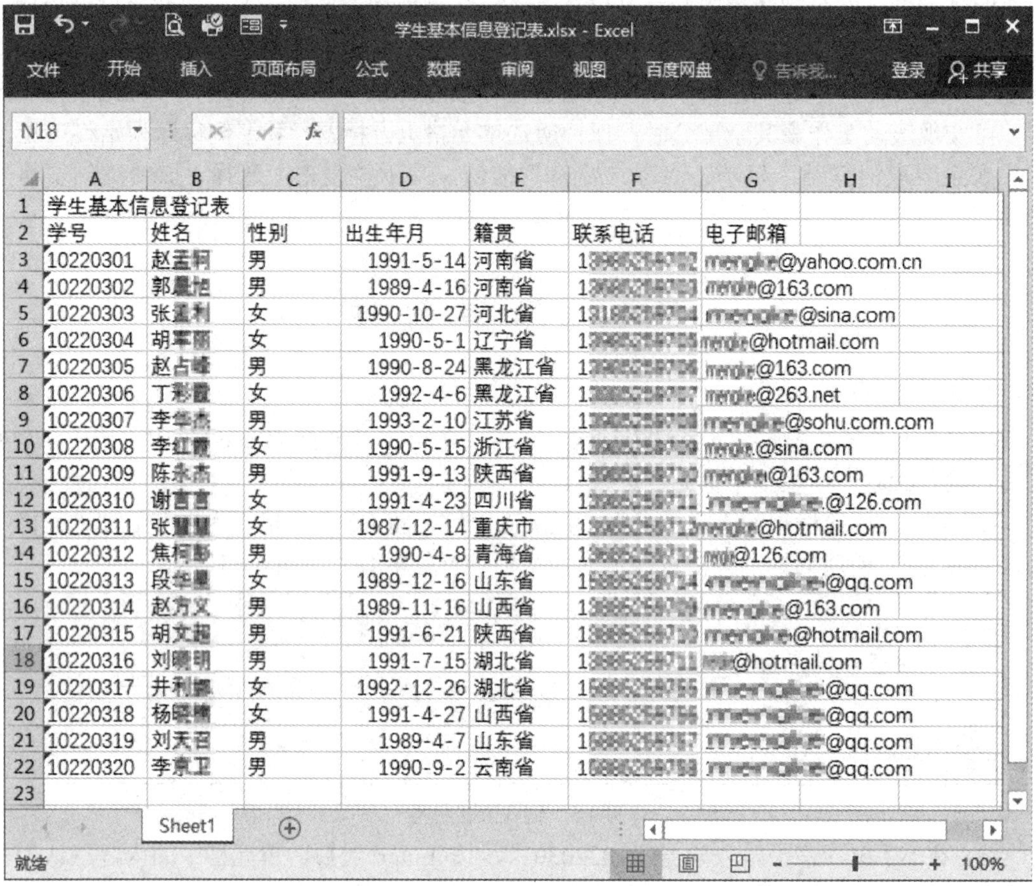

	A	B	C	D	E	F	G
1	学生基本信息登记表						
2	学号	姓名	性别	出生年月	籍贯	联系电话	电子邮箱
3	10220301	赵[illegible]	男	1991-5-14	河南省	1[illegible]	[illegible]@yahoo.com.cn
4	10220302	郭[illegible]	男	1989-4-16	河南省	1[illegible]	[illegible]@163.com
5	10220303	张[illegible]	女	1990-10-27	河北省	1[illegible]	[illegible]@sina.com
6	10220304	胡[illegible]	女	1990-5-1	辽宁省	1[illegible]	[illegible]@hotmail.com
7	10220305	赵[illegible]	男	1990-8-24	黑龙江省	1[illegible]	[illegible]@163.com
8	10220306	丁[illegible]	女	1992-4-6	黑龙江省	1[illegible]	[illegible]@263.net
9	10220307	李[illegible]	男	1993-2-10	江苏省	1[illegible]	[illegible]@sohu.com.com
10	10220308	李[illegible]	女	1990-5-15	浙江省	1[illegible]	[illegible]@sina.com
11	10220309	陈[illegible]	男	1991-9-13	陕西省	1[illegible]	[illegible]@163.com
12	10220310	谢[illegible]	女	1991-4-23	四川省	1[illegible]	[illegible]@126.com
13	10220311	张[illegible]	女	1987-12-14	重庆市	1[illegible]	[illegible]@hotmail.com
14	10220312	焦[illegible]	男	1990-4-8	青海省	1[illegible]	[illegible]@126.com
15	10220313	段[illegible]	女	1989-12-16	山东省	1[illegible]	[illegible]@qq.com
16	10220314	赵[illegible]	男	1989-11-16	山西省	1[illegible]	[illegible]@163.com
17	10220315	胡[illegible]	男	1991-6-21	陕西省	1[illegible]	[illegible]@hotmail.com
18	10220316	刘[illegible]	男	1991-7-15	湖北省	1[illegible]	[illegible]@hotmail.com
19	10220317	井[illegible]	女	1992-12-26	湖北省	1[illegible]	[illegible]@qq.com
20	10220318	杨[illegible]	女	1991-4-27	山西省	1[illegible]	[illegible]@qq.com
21	10220319	刘[illegible]	男	1989-4-7	山东省	1[illegible]	[illegible]@qq.com
22	10220320	李[illegible]	男	1990-9-2	云南省	1[illegible]	[illegible]@qq.com
23							

图 4.7 学生基本信息登记表

2. 设置单元格数据类型

1) 数值型数据输入

在 Excel 2016 中，单元格中输入的数值自动向右对齐。表示数值的字符有 0～9 中的数字、小数点、正负号、货币符号(￥)、百分号(%)和千分位符号等。常规格式下，整数部分长度允许有 11 位，整数部分超过 11 位的单元格将以科学记数法表示。如果单元格中以“#”显示，表示该单元格所在列的宽度不足够显示数值，需调整所在列宽度或改变数字显示格式。

为避免把分数当作日期，在输入分数时应在分数前输入 0(零)加空格，如输入“1/4”时应输入“0 1/4”。

要输入步长值固定的数值序列，可先在单元格内输入起始值，如“1”，然后选择“开始”选项卡，在“编辑”选项组中单击“填充”按钮，在下拉列表中选择“序列”选项，打开“序列”对话框，如图 4.8 所示。在对话框中设置相应参数，输入步长值为 2，终止值为 20，单击“确定”按钮，产生 20 以内步长值为 2 的等比序列“1，2，4，8，16”。

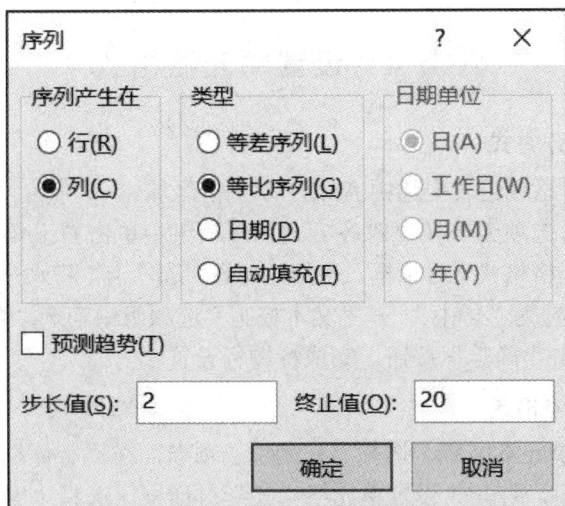

图 4.8　"序列"对话框

2) 文本型数据输入

文本型数据可以是字符串、空格、数字以及它们的组合，文本型数据默认为左对齐。字符串文本可在选定的单元格中直接输入；对于像学号、邮政编码、身份证号等不需要参与数学运算的数字信息，可将其设置为文本类型，在输入时需要先输入一个西文单引号"'"，再输入相关数字，如图 4.9 所示。为了避免被认为是数值型数据，Excel 2016 会自动在该单元格左上角加上绿色三角标记，说明该单元格中的数据为文本型。当选取该单元格时，会显示一个黄色的叹号图标，将鼠标指针指向该图标，会显示出有关该单元格的提示信息。

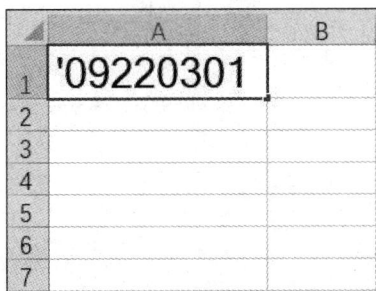

图 4.9　文本型数据输入

在 Excel 2016 中，如果一个单元格中输入的文本过长，则过长的文本会覆盖右边相邻的没有输入数据的单元格；若相邻的单元格中有数据，则过长的文本将被截断。要将文本分行显示在单元格中，操作方法是将光标定位在需要分行的文本前，按<Alt + Enter>组合键；或在"开始"选项卡中，单击"对齐方式"选项组中的"自动换行"按钮完成分行。

3) 时间和日期型数据输入

日期型数据用形式"yy/mm/dd"表示，时间型数据用形式"hh:mm"表示，Excel 2016会自动将输入的日期和时间型数据采用向右对齐的形式显示。输入当前系统日期，可以按<Ctrl + ;>组合键；输入当前系统时间，可以按<Ctrl + Shift + :>组合键。

任务 4　设置单元格格式

1. 设置单元格对齐方式

(1) 在学生基本信息登记表中选中 A1:G1 单元格区域。

(2) 选择"开始"选项卡，在"对齐方式"选项组中单击右下角的"对话框启动器"按钮，打开"设置单元格格式"对话框。选择"对齐"选项卡，将水平对齐方式设置为"居中"，垂直对齐方式设置为"居中"，在"文本控制"选项组中勾选"合并单元格"复选框，如图 4.10(a)所示。单击"确定"按钮，完成标题行设置。

2. 设置单元格字体格式

(1) 选中 A1:G1 单元格区域，选择"开始"选项卡，在"字体"选项组右下角，单击"对话框启动器"按钮，打开"设置单元格格式"对话框。选择"字体"选项卡，将字体设置为"微软雅黑"，字形设置为"加粗"，字号设置为"27"，颜色设置为"红色"，如图 4.10(b)所示，单击"确定"按钮。

(2) 选中 A2:G22 单元格区域，将字体设置为"楷体"，字号设置为"12"，对齐方式设置为"居中"。

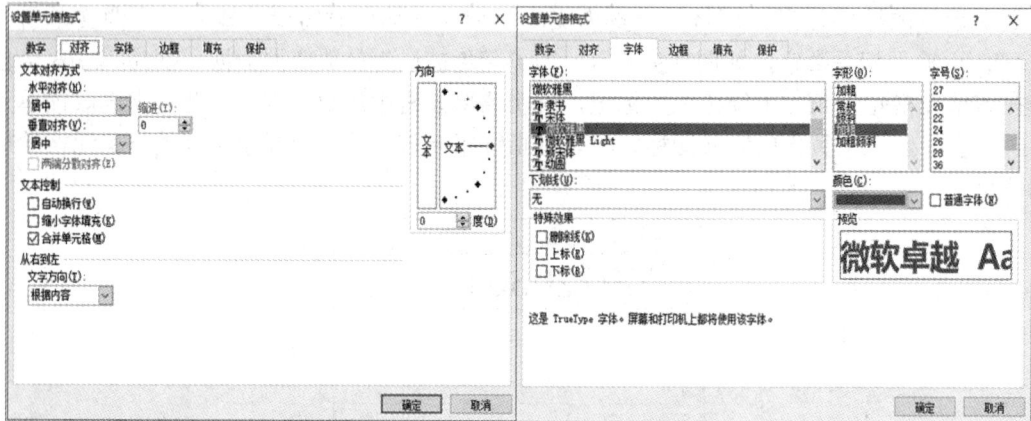

(a) 设置单元格对齐方式　　　　　　　　(b) 设置单元格字体

图 4.10　"设置单元格格式"对话框

3. 设置单元格边框

为学生基本信息登记表添加黑色双细线外框线、红色虚线内框线，操作步骤如下。

选中 A2:G22 单元格区域，在选中的数据区域中右击，在弹出的快捷菜单中选择"设置单元格格式"命令，打开"设置单元格格式"对话框。

在"设置单元格格式"对话框中选择"边框"选项卡，在线条样式中选择"双细线"，在"预置"选项组中单击"外边框"按钮；在线条样式中选择"虚线"，在"颜色"下拉列表框中选择"红色"，在"预置"选项组中单击"内部"按钮，如图 4.11 所示。单击"确定"按钮完成边框设置。

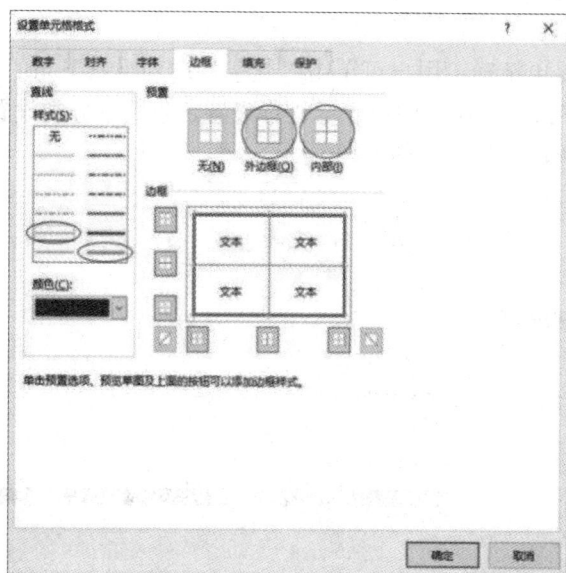

图 4.11　设置单元格边框

4. 设置单元格图案

为了突出工作表中的标题信息，可设置单元格的底纹颜色。默认情况下，单元格既无颜色也无底纹图案。将"学生基本信息登记表"的标题部分添加"白色，背景 1，深色 25%"底纹，操作步骤如下。

选中 A2:G2 单元格区域，在选中的数据区域中右击，在弹出的快捷菜单中选择"设置单元格格式"命令。在"设置单元格格式"对话框中选择"填充"选项卡，在"背景色"选项组中选择"白色，背景 1，深色 25%"选项，如图 4.12 所示。单击"确定"按钮，完成单元格图案的设置。

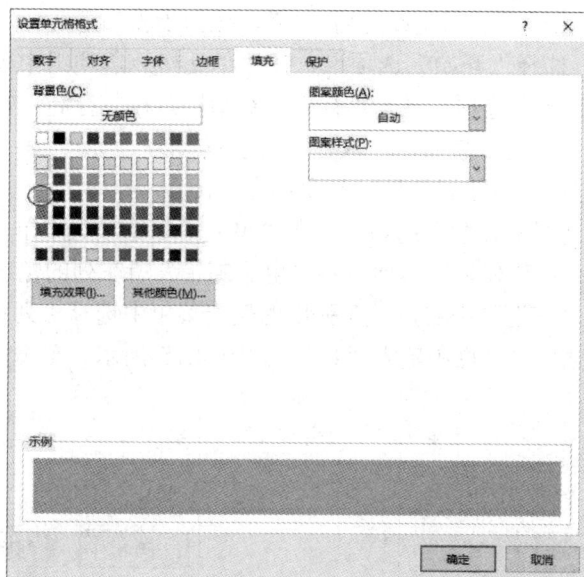

图 4.12　设置单元格图案

5. 设置数字格式

为了让数字显示得更精确，用户可单击"数字"选项组右下角的"对话框启动器"按钮，在"设置单元格格式"对话框中对数字进行设置，将数字分类设置为"数值"，小数位数选择"2"，即保留两位小数，如图 4.13 所示。

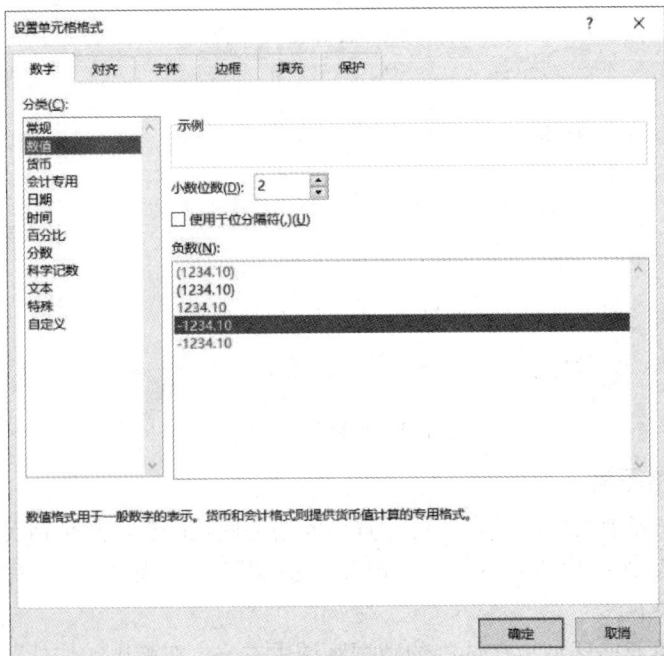

图 4.13　设置数字格式

6. 设置行高和列宽

将标题栏的行高设置为"40"，数据信息行高设置为"16"，"电子邮箱"列列宽设置为"最合适的列宽"，其余数据的列宽设置为"13"，操作步骤如下。

(1) 选中标题行，选择"开始"选项卡，在"单元格"选项组中单击"格式"按钮，在下拉列表中选择"行高"选项，打开"行高"对话框。在"行高"文本框中输入"40"，如图 4.14 所示。单击"确定"按钮，完成行高的设置。

(2) 使用同样的方法，将数据信息行高设置为"16"。

(3) 选中 G 列，选择"开始"选项卡，在"单元格"选项组中单击"格式"按钮，在下拉列表中选择"自动调整列宽"选项，对"电子邮箱"所在列的宽度进行自动调整。

(4) 选中 A:F 列，在选区中右击，在弹出的快捷菜单中选择"列宽"命令，打开"列宽"对话框。在"列宽"文本框中输入"13"，如图 4.15 所示。单击"确定"按钮，完成列宽的设置。

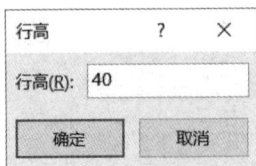

图 4.14　设置行高

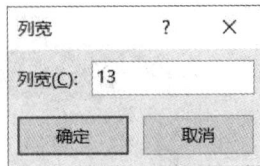

图 4.15　设置列宽

7. 设置工作表背景

为增加工作表背景的美观度，可将图片作为工作表背景进行修饰。设置方法为：选择"页面布局"选项卡，在"页面设置"选项组中单击"背景"按钮，在打开的"插入图片"对话框中单击"从文件"中的"浏览"按钮，打开本地资源管理器，找到素材文件夹中名为"背景"的图片，单击"插入"按钮，完成工作表背景的设置，效果如图 4.16 所示。

学号	姓名	性别	出生年月	籍贯	联系电话	电子邮箱
10220301	赵孟柯	男	1991/5/14	河南省	13985259702	mengke@yahoo.com.cn
10220302	郭晨曦	男	1989/4/16	河南省	13685259703	mengke@163.com
10220303	张嘉利	女	1990/10/27	河北省	12185259704	mengke1@sina.com
10220304	胡军丽	女	1990/5/1	辽宁省	13985259705	mengke@hotmail.com
10220305	赵点峰	男	1990/8/24	黑龙江省	13985259706	mengke@163.com
10220306	丁利霞	女	1992/4/6	黑龙江省	13985259707	mengke@263.net
10220307	李华杰	男	1993/2/10	江苏省	13985259708	mengke@sohu.com.com
10220308	李红霞	女	1990/5/15	浙江省	13985259709	mengke@sina.com
10220309	陈冬冬	男	1991/9/13	陕西省	13985259710	mengke@163.com
10220310	谢言言	女	1991/4/23	四川省	13985259711	mengke@126.com
10220311	张慧慧	女	1987/12/14	重庆市	13985259712	mengke@hotmail.com
10220312	焦柯影	男	1990/4/8	青海省	13685259713	mengke@126.com
10220313	段单羹	女	1989/12/16	山东省	13885259714	mengke@163.com
10220314	赵方义	男	1989/11/16	山西省	13985259709	mengke@163.com
10220315	胡支娟	男	1991/6/21	陕西省	13985259710	mengke@hotmail.com
10220316	刘晓明	男	1991/7/15	湖北省	13985259711	mengke.com
10220317	井利梯	女	1992/12/26	湖北省	15985259755	mengke@qq.com
10220318	杨曝桶	男	1991/4/27	山西省	15885259756	mengke@qq.com
10220319	刘武喜	男	1989/4/7	山东省	15985259757	mengke@qq.com
10220320	李亭亭	男	1990/9/2	云南省	15885259758	mengke@qq.com

图 4.16　工作表背景的设置

8. 设置单元格条件格式

(1) 选中 E3:E22 单元格区域，选择"开始"选项卡，在"样式"选项组中单击"条件格式"按钮，在弹出的下拉列表中，选择"突出显示单元格规则"下的"等于"选项，如图 4.17 所示，弹出"等于"对话框。

图 4.17　条件格式

（2）在"等于"对话框中，在左侧文本框内输入"河南省"，如图 4.18 所示。单击"设置为"右侧的下拉按钮，选择"自定义格式"选项，在弹出的"设置单元格格式"对话框中将字体格式设置为"加粗、双下划线"。单击"确定"按钮，完成籍贯条件格式的设置。

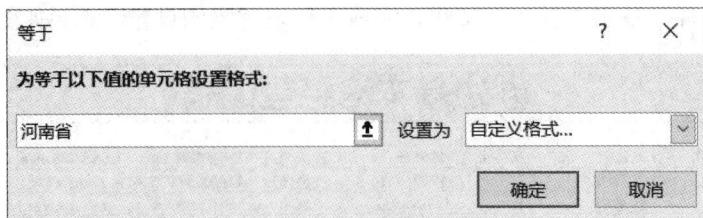

图 4.18　条件格式的设置

完成条件格式的设置任务后，学生基本信息登记表效果如图 4.19 所示。

图 4.19　学生基本信息登记表效果

任务 5　设 置 页 面

1. 页面设置

（1）选择"页面布局"选项卡，在"页面设置"选项组中单击右下角的"对话框启动器"按钮，打开"页面设置"对话框。选择"页面"选项卡，在"方向"选项组中选中"横向"单选按钮，纸张大小设置为"A4"，其他参数采用默认值，如图 4.20 所示。

（2）选择"页边距"选项卡，参数设置如图 4.21 所示。通过设置页边距，可以控制打印内容与打印页面边缘之间的空白距离。

图 4.20　页面方向的设置　　　　　　图 4.21　页边距的设置

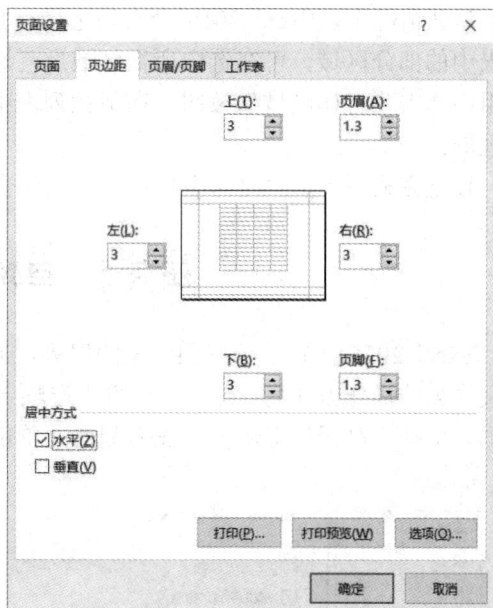

(3) 页眉用于标明文档的名称或报表标题，页脚可标明页号、打印日期或时间等信息。在"页面设置"对话框中选择"页眉/页脚"选项卡，单击"自定义页脚"按钮，打开"页脚"对话框。在页脚"中部"文本框中插入页码和页数，如图 4.22 所示。

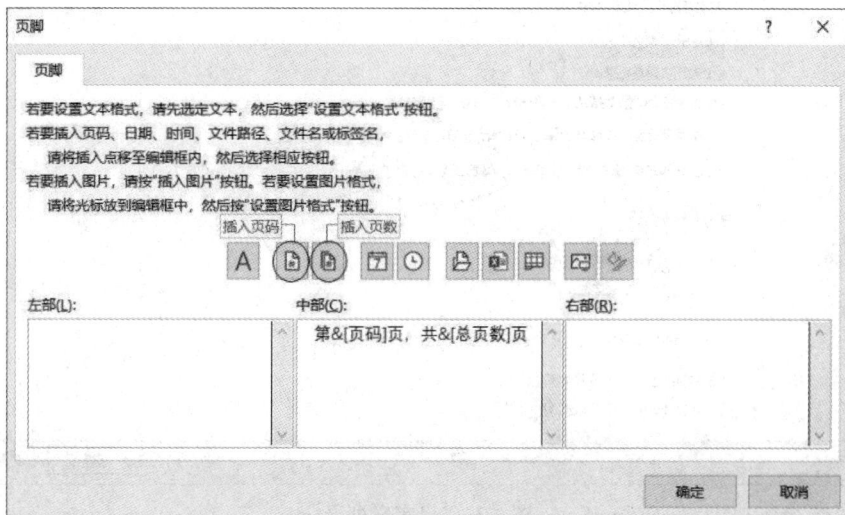

图 4.22　"页脚"对话框

(4) 单击"确定"按钮，完成页脚的设置。返回"页面设置"对话框，在"页面设置"对话框中单击"确定"按钮完成页面的设置。

2. 打印工作表

对工作簿的操作完成之后就可以对其进行打印，用户可选择"文件"选项卡中的"打印"命令，预览最终效果。

默认情况下，Excel 2016 会自动选择有文字的最大行和列作为打印区域，如需打印工作表中的部分区域，可在选中所需区域后，选择"页面布局"选项卡，在"页面设置"选项组中单击"打印区域"按钮，在下拉列表中选择"设置打印区域"选项，可只打印出所选区域。

设置完成后单击"打印"按钮，对工作表进行打印。

任务 6　自定义填充序列

Excel 2016 内置了一些预定义的序列，同时也支持用户增加新的自定义序列。新增自定义序列的操作方法为：选择"文件"选项卡，选择"选项"命令，打开"Excel 选项"对话框，选择"高级"选项卡，在右侧界面单击"编辑自定义列表"按钮，如图 4.23 所示。

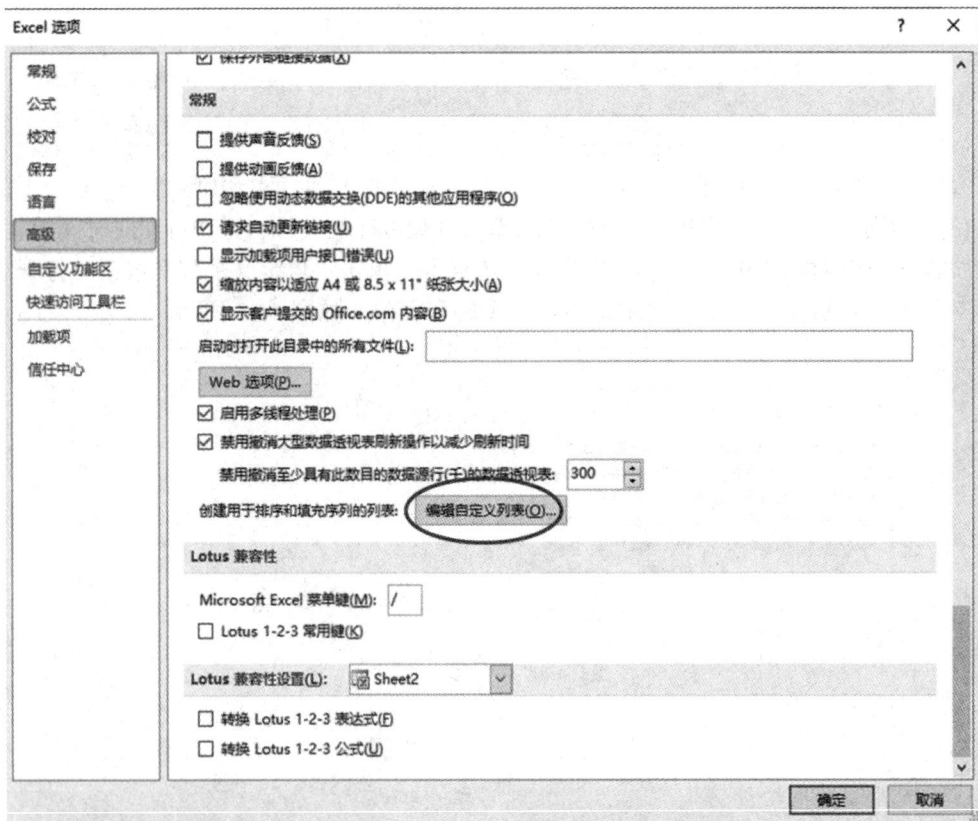

图 4.23　自定义列表

在"自定义序列"列表框中选择"新序列"选项，在"输入序列"列表框中依次输入 26 个英文字母序列，每输入一个字母后必须按<Enter>键结束，或者每一项之间用半角状态下的"，"分隔，如图 4.24 所示。整个字母序列输入完成后，单击"添加"按钮，新定义的字母序列就会出现在"自定义序列"列表框中。单击"确定"按钮，完成自定义序列的添加。

此时，在工作表单元格中任意输入一个英文字母，再用鼠标拖动填充柄填充，就可以实现自动填充英文字母序列了。

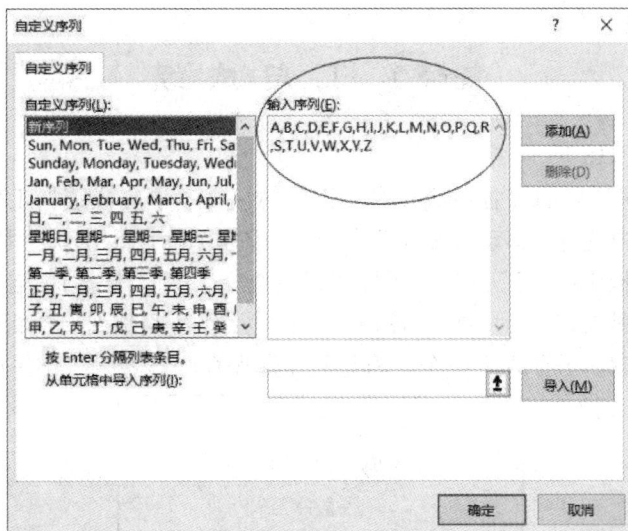

图 4.24　新增自定义序列

项目 2　制作学生成绩统计表

在学校日常教学过程中，统计学生成绩是一项必不可少的管理工作。学期期末考试过后，老师需要对本班学生学习情况进行统计并制成表格通知学生，使学生及时了解自己的学习情况。学生成绩统计表效果如图 4.25 所示。

学号	姓名	性别	语文	数学	英语	总成绩	总评	排名
10220301	赵孟轲	男	90	95	90	275	优秀	2
10220302	郭晨旭	男	68	77.6	92	238	中等	7
10220303	张孟利	女	67	76.2	90	233	中等	8
10220304	胡军丽	女	80	70.2	93	243	良好	5
10220305	赵占峰	男	50	66.4	91	207	及格	13
10220306	丁彩霞	女	71	81.8	98	251	良好	3
10220307	李华杰	男	57	71	92	220	中等	9
10220308	李红霞	女	38	59.6	92	190	及格	18
10220309	陈永杰	男	39	59.8	91	190	及格	17
10220310	谢言言	女	56	69.6	90	216	中等	10
10220311	张慧慧	女	38	60	93	191	及格	16
10220312	焦柯彭	男	41	59.8	66	167	不及格	19
10220313	段华星	女	67	78.6	96	242	良好	6
10220314	赵方义	男	98	95	90	283	优秀	1
10220315	胡文超	男	46	64.4	92	202	及格	14
10220316	刘晓明	男	90	61.8	93	245	良好	4
10220317	井利娜	女	42	63.2	95	200	及格	15
10220318	杨晓楠	女	45	66.2	98	209	及格	12
10220319	刘天召	男	55	69.4	91	215	中等	11
10220320	李京卫	男	40	60	60	160	不及格	20
各科平均成绩			59	70	90			
总成绩最高分			283					
总成绩最低分			160					
班级总人数			20					
男生人数			11					
女生人数			9					
男生平均成绩			218					
女生平均成绩			179					

图 4.25　学生成绩统计表

任务 1   汇 总 成 绩

汇总成绩的操作如下：

(1) 打开提前统计好的"各科成绩表"工作簿，在"语文成绩"工作表标签上右击，在弹出的快捷菜单中选择"移动或复制"命令，如图 4.26 所示；打开"移动或复制工作表"对话框，在该对话框中的"工作簿"下拉列表中选择"(新工作簿)"选项，并勾选"建立副本"复选框，如图 4.27 所示。将"各科成绩表"工作簿复制到一个新的工作簿中。选择"文件"选项卡中的"另存为"命令，将该工作簿保存并命名为"学生成绩统计表.xlsx"。

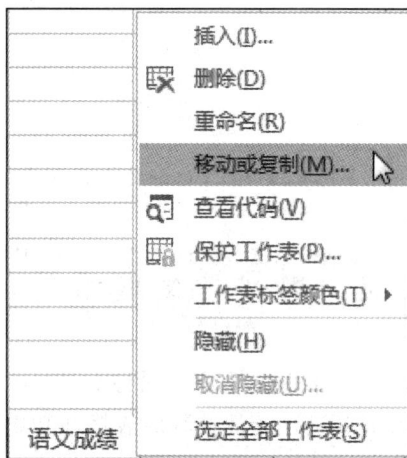

图 4.26   "移动或复制"命令

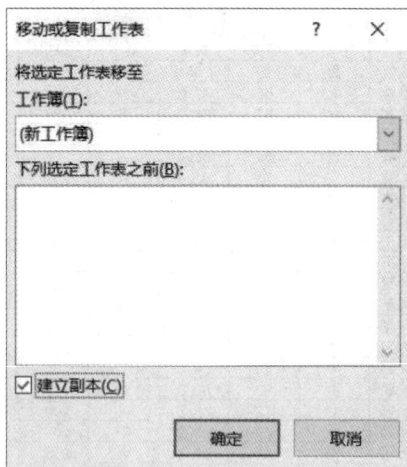

图 4.27   移动或复制工作表

(2) 重复上述操作，将"各科成绩表"工作簿的"数学成绩"工作表中的数学成绩和"英语成绩"工作表中的英语成绩复制到"学生成绩统计表"工作簿中，并按照图 4.28 所示的形式，增加其余行、列内容，完善"学生成绩统计表"工作簿的信息。

(3) 将"学生成绩统计表"工作簿中的"语文成绩"工作表重命名为"学生成绩统计表"。

	A	B	C	D	E	F	G	H	I
1	学生成绩统计表								
2	学号	姓名	性别	语文	数学	英语	总成绩	总评	排名
3	10220301	赵孟轲	男	90	95	90			
4	10220302	郭晨旭	男	68	77.6	92			
5	10220303	张孟利	女	67	76.2	90			
6	10220304	胡军丽	女	80	70.2	93			
7	10220305	赵占峰	男	50	66.4	91			
8	10220306	丁彩霞	女	71	81.8	98			
9	10220307	李华杰	男	57	71	92			
10	10220308	李红霞	女	38	59.6	92			
11	10220309	陈永杰	男	39	59.8	91			
12	10220310	谢言言	女	56	69.6	90			
13	10220311	张慧慧	女	38	60	93			
14	10220312	焦柯彭	男	41	59.8	66			
15	10220313	段华星	女	67	78.6	96			
16	10220314	赵方义	男	98	95	90			
17	10220315	胡文超	男	46	64.4	92			
18	10220316	刘晓明	男	90	61.8	93			
19	10220317	井利娜	女	42	63.2	95			
20	10220318	杨晓楠	女	45	66.2	98			
21	10220319	刘天召	男	55	69.4	91			
22	10220320	李京卫	男	40	60	60			
23		各科平均成绩							
24		总成绩最高分							
25		总成绩最低分							
26		班级总人数							
27		男生人数							
28		女生人数							
29		男生平均成绩							
30		女生平均成绩							

图 4.28　增加行、列内容

(4) 选中 A1:I1 单元格区域，选择"开始"选项卡，在"对齐方式"选项组中单击"合并后居中"按钮，将选中的单元格进行合并；单击"字体"选项组中的"对话框启动器"按钮，打开"设置单元格格式"对话框，选择"字体"选项卡，将字体设置为"楷体、24、双下划线"；选择"填充"选项卡，将图案样式设置成"12.5%，灰色"，如图 4.29 所示。

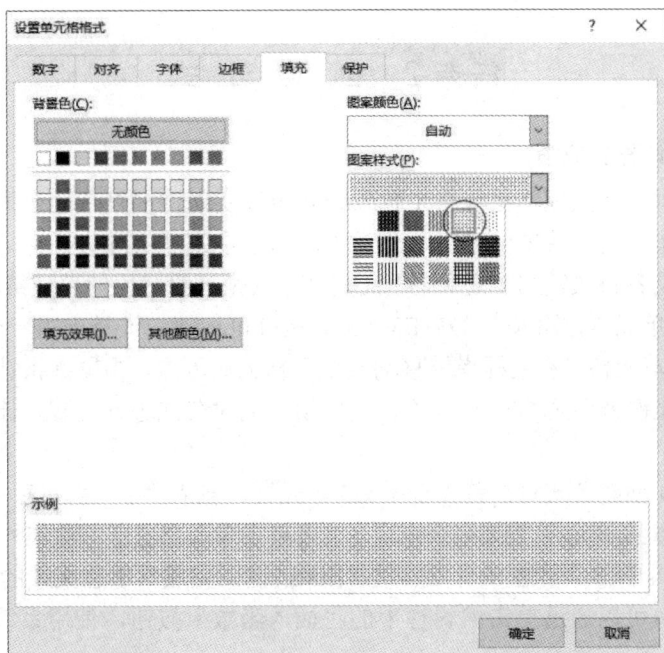

图 4.29　设置图案样式

(5) 选中 A2:I22 单元格区域，选择"开始"选项卡，在"对齐方式"选项组中单击"居中"按钮，设置文字居中对齐；在"单元格"选项组中单击"格式"按钮，在下拉列表中选择"设置单元格格式"选项，打开"设置单元格格式"对话框；在该对话框中选择"边框"选项卡，将表格所有框线设置成黑色单实线，然后单击"确定"按钮，效果如图 4.30 所示。

图 4.30　设置表格框线

任务 2　创 建 公 式

1. 使用公式计算总成绩

使用系统提供的函数或在单元格中输入公式可以实现许多复杂的运算，从而避免手动计算的复杂和易错问题。数据修改后，公式的计算结果还可以自动更新。

学生总成绩是各科成绩相加之和，下面利用公式来计算学生的总成绩，操作步骤如下。

(1) 选中 G3 单元格，输入"=D3+E3+F3"，按<Enter>键，计算出第一个学生的总成绩。

(2) 选中 G3 单元格，将鼠标指针移动到单元格的右下方，当鼠标指针的形状变为黑十字时，按住鼠标左键拖动至 G22 单元格，使用填充柄对公式进行复制，计算出所有学生的总成绩。

注意：用户在创建公式时，首先选中 G3 单元格，输入"="号，表示开始输入公式；其次输入参与计算的单元格"D3+E3+F3"(也可单击单元格 D3，输入"+"；单击单元格 E3，输入"+"；再单击单元格 F3)；最后按<Enter>键，完成学生总成绩的计算。

学生总成绩也可以通过单击编辑栏中的"插入函数"按钮，使用系统提供的 SUM( ) 函数进行计算。

2. 公式中的运算符

Excel 2016 中的公式是以等号"="开始，通过使用运算符将各种数据、函数、区域、地址连接起来的，可以进行数据运算、文本连接和比较运算的表达式。Excel 2016 中的运算符一般有算术运算符、比较运算符、文本运算符和引用运算符。

(1) 算术运算符：连接数字并计算结果，包括加(+)、减(−)、乘(*)、除(/)、幂(^)、百分号(%)、负号(−)等。

(2) 比较运算符：比较两个数据的大小并返回逻辑值真(True)或假(False)，包括等于(=)、大于(>)、大于等于(>=)、小于(<)、小于等于(<=)和不等于(< >)。

(3) 文本运算符(&)：将多个字符连接成一个新的字符。

(4) 引用运算符：将运算区域合并运算，包括冒号(：)、逗号(，)等。

在公式中同时使用多个不同类型的运算符时，将按照运算符的优先级从高到低的顺序进行计算。运算符的优先级从高到低的顺序为冒号→逗号→负号→百分号→幂运算→乘法和除法运算→加法和减法运算→文本运算符→比较运算符。

3. 公式中的引用

在编辑公式时，有时会引用单元格地址。在 Excel 2016 中，根据引用的单元格与被引用的单元格之间的位置关系，引用可分为相对引用、绝对引用、混合引用和跨工作表引用。

1) 相对引用

相对引用就是在引用单元格时，直接用列号和行号来表示单元格，这是 Excel 2016 默认的引用方式。如计算总成绩时输入的公式为"=D3+E3+F3"，其中"D3""E3""F3"均为相对引用的目标地址。当使用相对地址时，单元格公式中的引用地址会随目标单元格的变化而发生相应变化，但其引用单元格地址之间的相对地址不变。例如"学生成绩统计表"中，如果将 G3 单元格中的公式"=D3+E3+F3"复制到 G4 单元格，则公式变化为"=D4+E4+F4"。

2) 绝对引用

单元格中的绝对引用是指在行号和列号前分别加上"$"，如"$H$2"，表示在指定位置引用单元格 H2。如果公式所在单元格的位置改变，则绝对引用的单元格始终保持不变。如果多行或多列地复制公式，则绝对引用不做调整。

例如，将单元格 B2 中的"=$H$2"复制到单元格 B3，则 B3 中的内容也是"=$H$2"，不会发生任何变化。

3) 混合引用

混合引用是指单元格地址中既有相对引用，也有绝对引用。可以是绝对列和相对行(如$B6)，也可以是绝对行和相对列(如 B$6)。如果公式所在单元格的位置改变，则相对引用改变，而绝对引用不变。如果多行或多列地复制公式，则相对引用自动调整，而绝对引用不做调整。

4) 跨工作表格引用

跨工作表引用是指在一个工作表中引用另一个工作表中的单元格数据。为了方便进行跨工作表引用，单元格的准确地址应该包括工作表名，其形式为"工作表名!单元格或单元格区域地址"。如果引用的是当前工作表中的单元格，则当前工作表名可省略。例如，"Sheet2!A1:D5"表示引用 Sheet2 工作表中 A1:D5 单元格区域中的数据。

任务3 使 用 函 数

1. 函数说明

1）求和函数：SUM( )

函数格式：SUM(Number1，Number2，…)。

主要功能：计算所有参数数值的和。

参数说明：Number1，Number2，…表示 1 到 255 个参与计算的数值，可以是数值或引用的单元格。

2）平均值函数：AVERAGE( )

函数格式：AVERAGE(Number1，Number2，…)。

主要功能：求所有参数数值的平均值。

参数说明：Number1，Number2，…可以是数值或者是包含数字的名称、单元格区域或单元格引用。其中 Number1 是必需的，后续参数是可选的，最多可包含 255 个参数。

3）最大值函数：MAX( )

函数格式：MAX(Number1，Number2，…)。

主要功能：求各参数中的最大值。

参数说明：Number1，Number2，…是准备从中求取最大值的 1～255 个数值、空单元格、逻辑值或文本数值。其中 Number1 是必需的，后续参考是可选的。

4）最小值函数：MIN( )

函数格式：MIN(Number1，Number2，…)。

主要功能：求各参数中的最小值。

参数说明：参数可以是数值或引用的单元格，但如果参数中有文本或逻辑值，则忽略。

5）计数函数：COUNT( )

函数格式：COUNT(Value1，Value2，…)。

主要功能：统计指定区域中数值型参数的个数。

参数说明：参数可以是包含或引用有数值型或日期型的数据单元格。

6）条件统计函数：COUNTIF( )

函数格式：COUNTIF(Range，Criteria)。

主要功能：统计指定区域中符合指定条件的单元格个数。

参数说明：Range 表示参与统计的单元格区域，引用单元格区域中允许有空白的单元格；Criteria 表示指定的条件表达式。

7）条件求和函数：SUMIF( )

函数格式：SUMIF(Range，Criteria，Sum_range)。

主要功能：计算符合指定条件的单元格区域的数值总和。

参数说明：Range 表示条件判断的单元格区域；Criteria 表示指定的条件表达式；Sum_range 表示需要求和的单元格区域。

8) 判断函数：IF( )

函数格式：IF(Logical_test，Value_if_true，Value_if_false)。

主要功能：对指定条件进行逻辑判断，根据条件逻辑值的不同而返回不同的结果。该函数最多可以嵌套 7 层。

参数说明：Logical_test 是任何可能被计算为 True 或 False 的数值或表达式；Value_if_true 是 Logical_test 为 True(结果为真)时的返回值；Value_if_false 是 Logical_test 为 False(结果为假)时的返回值。

9) 排位函数：RANK( )

函数格式：Rank(Number，Ref，Order)。

主要功能：返回一个数值在一组数值中的排位。

参数说明：Number 是指定的要排位的数字；Ref 是引用的区域；Order 是排位方式，排位方式默认的数值为 0 或省略，表示排位方式是降序排列，非零值表示的是升序排列，数值重复时排位相同。

2. 使用函数

Excel 2016 中提供了多种预定义的函数，如统计函数、财务函数、数据库函数、日期与时间函数、工程函数、信息函数、逻辑函数、查询和引用函数、数学和三角函数、文本函数以及用户自定义函数等。

1) 计算学生成绩

(1) 选中 D23 单元格，单击编辑栏中的"插入函数"按钮，打开"插入函数"对话框，如图 4.31 所示；在"选择函数"列表框中选择"AVERAGE"函数，单击"确定"按钮。

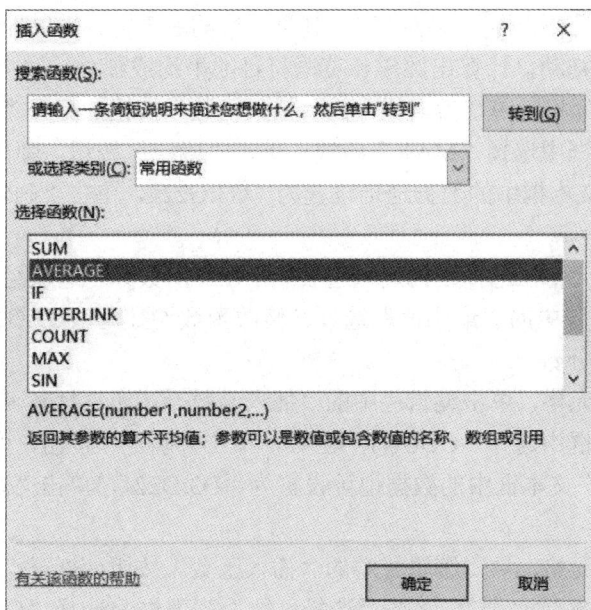

图 4.31　"插入函数"对话框

(2) 弹出"函数参数"对话框，单击折叠按钮折叠"函数参数"对话框，拖动鼠标选中 D3:D22 单元格区域，按<Enter>键或单击"还原"按钮 ⬆ 返回"函数参数"对话框，单击"确定"按钮，计算出语文科目的平均成绩，如图 4.32 所示。

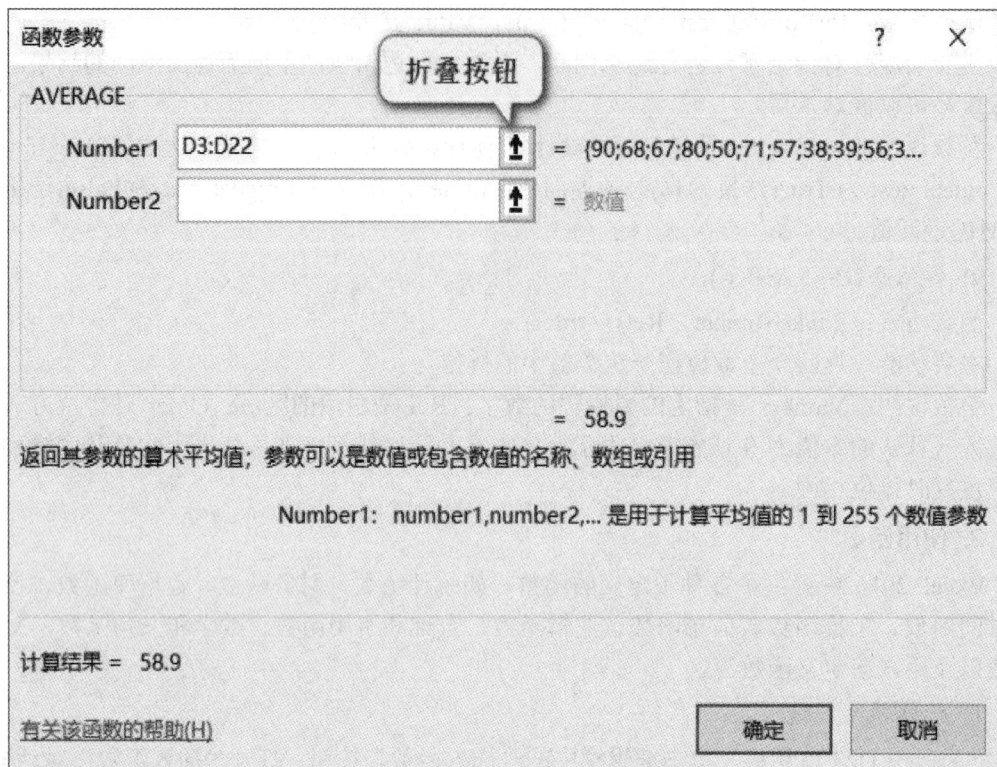

图 4.32   "函数参数"对话框

(3) 选中 D23 单元格，将鼠标指针移动到单元格的右下方，当鼠标指针变成黑十字时，按住鼠标左键并向右拖动，计算出数学和英语科目的平均成绩。

(4) 选中 D24 单元格，单击编辑栏中的"插入函数"按钮，打开"插入函数"对话框，在"选择函数"列表框中选择"MAX"函数，单击"确定"按钮，弹出"函数参数"对话框；将"Number1"文本框中的数据地址设置为"G3:G22"，单击"确定"按钮，统计班中总成绩最高的分数。

(5) 选中 D25 单元格，选择"公式"选项卡，在"函数库"选项组中单击"自动求和"按钮 Σ，选择下拉列表中的"最小值"选项，修改函数参数为"G3:G22"，按<Enter>键，统计班中总成绩最低分数。

(6) 选中 D26 单元格，单击编辑栏中的"插入函数"按钮，打开"插入函数"对话框，在"选择函数"列表框中选择"COUNT"函数，单击"确定"按钮，弹出"函数参数"对话框；将"Number1"文本框中的数据地址设置为"D3:D22"，单击"确定"按钮，计算全班总人数。

(7) 选中 D27 单元格，单击编辑栏中的"插入函数"按钮，打开"插入函数"对话框，将"或选择类别"切换到"全部"，在"选择函数"列表框中选择"COUNTIF"函数，单击"确定"按钮，弹出"函数参数"对话框；设置"Range"文本框中的数据范围为"C3:C22"，在"Criteria"文本框中输入""男"",如图 4.33 所示,单击"确定"按钮,统计班中男生人数。

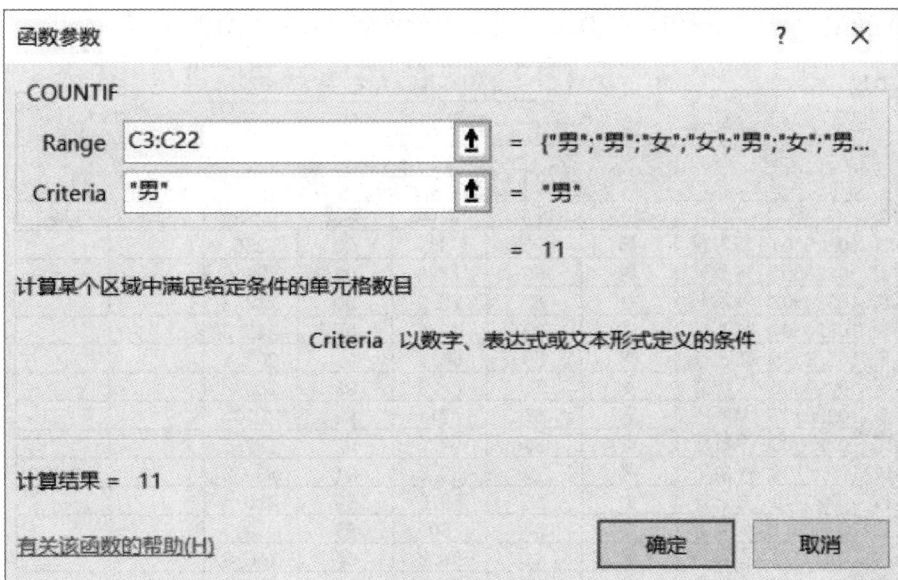

图 4.33　"函数参数"对话框

(8) 重复上一步操作,在 D28 单元格中统计全班女生人数。

(9) 选中 D29 单元格,单击编辑栏中的"插入函数"按钮,打开"插入函数"对话框,将"或选择类别"切换到"全部",在"选择函数"列表框中选择"SUMIF"函数,单击"确定"按钮,弹出"函数参数"对话框;设置"Range"文本框中的数据范围为"C3:C22",在"Criteria"文本框中输入""男"",设置"Sum_range"文本框中的数据范围为"G3:G22",如图 4.34 所示,单击"确定"按钮,计算班中男生成绩总和。

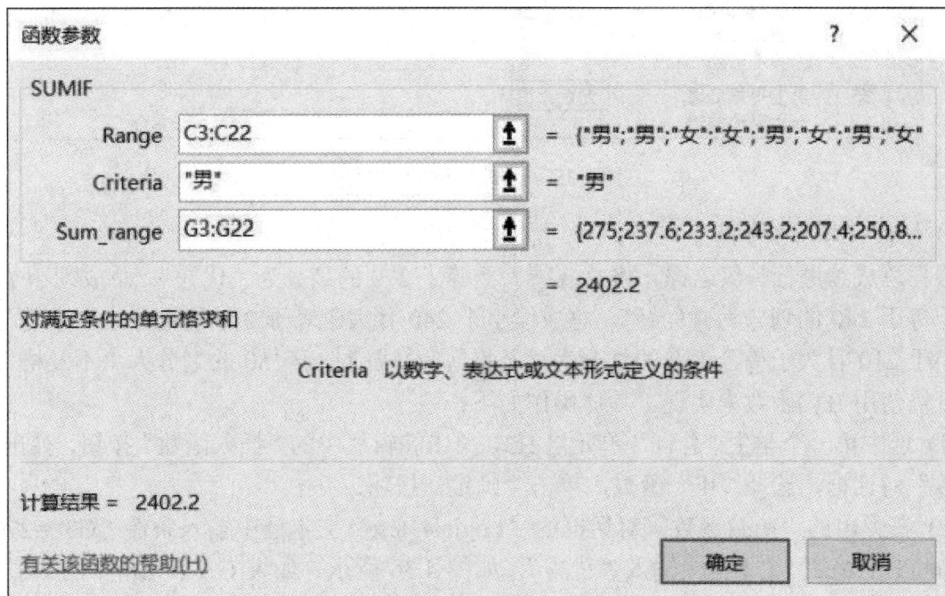

图 4.34　"函数参数"对话框

男生平均成绩＝男生成绩总和/男生人数，选中 D29 单元格，在编辑栏中编辑公式，用 SUMIF( )函数除以男生人数 11，计算出男生平均成绩，如图 4.35 所示。

(10) 重复上一步的操作，在 D30 单元格中计算全班女生平均成绩。

| D29 | ▼ : × ✓ fx | =SUMIF(C3:C22,"男",G3:G22)/11 |

	A	B	C	D	E	F	G	H	I
1	学生成绩统计表								
2	学号	姓名	性别	语文	数学	英语	总成绩	总评	排名
3	10220301		男	90	95	90	275		
4	10220302		男	68	77.6	92	237.6		
5	10220303		女	67	76.2	90	233.2		
6	10220304		女	80	70.2	93	243.2		
7	10220305		男	50	66.4	91	207.4		
8	10220306		女	71	81.8	98	250.8		
9	10220307		男	57	71	92	220		
10	10220308		女	38	59.6	92	189.6		
11	10220309		男	39	59.8	91	189.8		
12	10220310		女	56	69.6	90	215.6		
13	10220311		女	38	60	93	191		
14	10220312		男	41	59.8	66	166.8		
15	10220313		女	67	78.6	96	241.6		
16	10220314		男	98	95	90	283		
17	10220315		男	46	64.4	92	202.4		
18	10220316		男	90	61.8	93	244.8		
19	10220317		女	42	63.2	95	200.2		
20	10220318		女	45	66.2	98	209.2		
21	10220319		男	55	69.4	91	215.4		
22	10220320		男	40	60	60	160		
23	各科平均成绩			58.9	70.28	89.65			
24	总成绩最高分			283					
25	总成绩最低分			160					
26	班级总人数			20					
27	男生人数			11					
28	女生人数			9					
29	男生平均成绩			218.382					
30	女生平均成绩								

图 4.35　计算男生平均成绩

2) 划分学生成绩等级

根据总成绩进行等级总评，将总成绩大于等于 270 的划分为"优秀"，总成绩小于 270 且大于等于 240 的划分为"良好"，总成绩小于 240 且大于等于 210 的划分为"中等"，总成绩小于 210 且大于等于 180 的划分为"及格"，总成绩小于 180 的划分为"不及格"。等级划分需使用 IF( )函数来实现，具体操作如下：

(1) 选中第一个学生"总评"单元格 H3，单击编辑栏中的"插入函数"按钮，弹出"插入函数"对话框，选择"IF"函数，单击"确定"按钮。

(2) 在弹出的"函数参数"对话框的"Logical_test"文本框中输入条件"G3>=270"，在"Value_if_true"文本框中输入"优秀"，如图 4.36 所示。如果 G3 单元格中的数值大于等于 270，则 H3 单元格的值为"优秀"，否则 H3 单元格的值为"Value_if_false"中的参数值。当 G3 单元格的数值小于 270 时，总成绩属于"良好""中等""及格""不及格"4 种等级中的一种。由于等级情况存在多种可能，因此，需要在"Value_if_false"文本框中输入 IF( )函数嵌套。

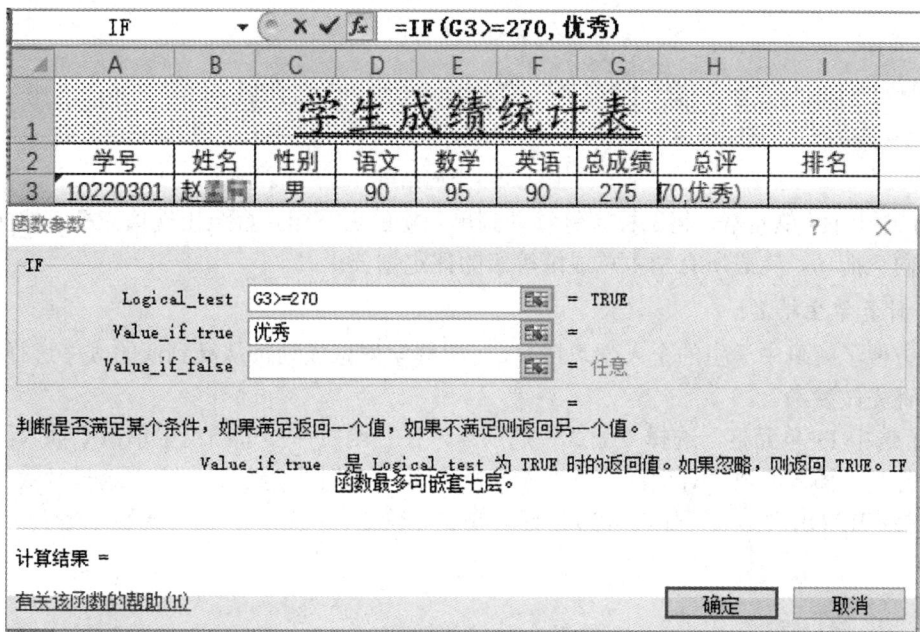

图 4.36　插入函数

(3) 将光标定位在"Value_if_false"文本框中，单击名称框中的 IF( )函数，弹出嵌套函数参数的对话框，在"函数参数"对话框中输入参数，如图 4.37 所示。如果 G3 单元格的值大于等于 240，则 H3 单元格的值为"良好"，否则 H3 单元格的值为"Value_if_false"中的参数值。此时，需再次使用 IF( )函数嵌套，完成对"中等""及格""不及格"3 个等级的划分。

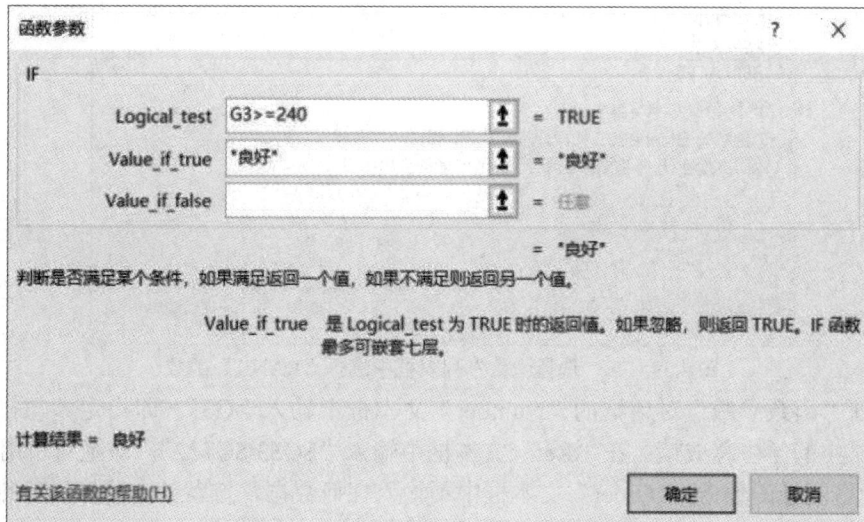

图 4.37　在"函数参数"中输入参数

(4) 重复步骤(3)的操作，依次完成对"中等""及格""不及格"3个等级的划分，从而完成对第一个学生总成绩的5个等级的判断，结果如图4.38所示。

图4.38 判断结果

(5) 选中H3单元格，将鼠标指针移动到单元格的右下角，直至出现填充柄，按住鼠标左键并向下拖动，完成所有学生总成绩等级的评定划分。

3) 计算学生排名

为方便了解班中学生的个人学习情况，可根据学生总成绩按从高到低的顺序进行排名，为评优评先做参考。

(1) 选中I3单元格，选择"公式"选项卡，在"函数库"选项组中单击"插入函数"按钮，打开"插入函数"对话框；将"或选择类别"切换到"全部"，在"选择函数"列表框中选择"RANK"函数，如图4.39所示，单击"确定"按钮，弹出"函数参数"对话框。

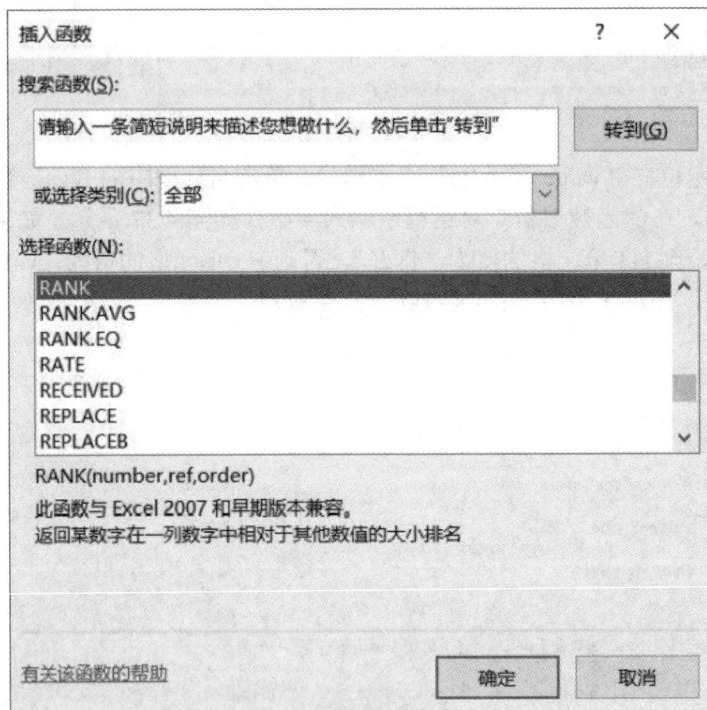

图4.39 在"选择函数"列表框中选择"RANK"函数

(2) 在"函数参数"对话框的"Number"文本框中输入"G3"，即指定参与排名的是G3单元格中的学生总成绩；在"Ref"文本框中输入"$G$3:$G$22"，即绝对引用G3到G22单元格区域的数据；"Order"文本框中不输入任何数据，按默认的降序进行排名，如图4.40所示。单击"确定"按钮后，在I3单元格中可以显示出第一个学生的排名为"2"。

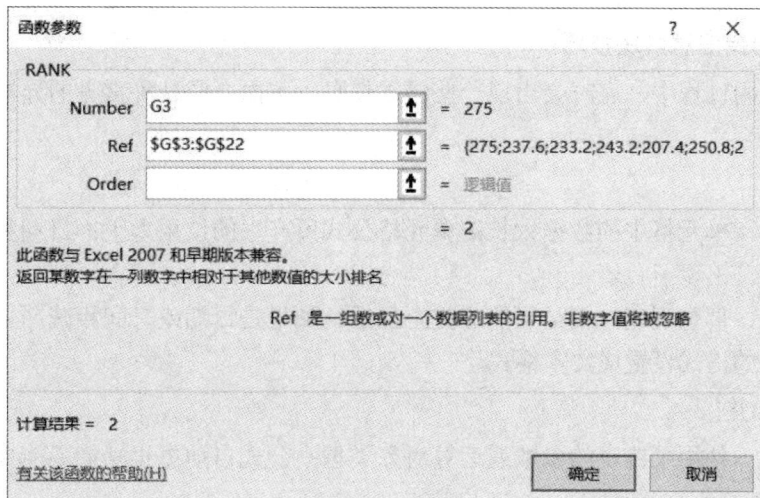

图 4.40　降序排名

　　(3) 选中 I3 单元格，按住鼠标左键向下拖动填充柄到数据的最后一行，利用单元格复制公式的方法计算出所有学生的排名情况。

　　(4) 将"学生成绩统计表"中的总成绩、各科平均成绩、男生平均成绩和女生平均成绩设置为数值格式，小数位数为"0"，效果如图 4.41 所示。选择"文件"选项卡中的"保存"命令，保存"学生成绩统计表.xlsx"工作簿。

	A	B	C	D	E	F	G	H	I
1				学生成绩统计表					
2	学号	姓名	性别	语文	数学	英语	总成绩	总评	排名
3	10220301		男	90	95	90	275	优秀	2
4	10220302		男	68	77.6	92	238	中等	7
5	10220303		女	67	76.2	90	233	中等	8
6	10220304		女	80	70.2	93	243	良好	5
7	10220305		男	50	66.4	91	207	及格	13
8	10220306		女	71	81.8	98	251	良好	3
9	10220307		男	57	71	92	220	中等	9
10	10220308		女	38	59.6	92	190	及格	18
11	10220309		男	39	59.8	91	190	及格	17
12	10220310		女	56	69.6	90	216	中等	10
13	10220311		女	38	60	93	191	及格	16
14	10220312		男	41	59.8	66	167	不及格	19
15	10220313		女	67	78.6	96	242	良好	6
16	10220314		男	98	97	90	283	优秀	1
17	10220315		男	46	64.4	92	202	及格	14
18	10220316		男	90	61.8	93	245	良好	4
19	10220317		女	42	63.2	95	200	及格	15
20	10220318		女	45	66.2	98	209	及格	12
21	10220319		男	55	69.4	91	215	中等	11
22	10220320		男	40	60	60	160	不及格	20
23	各科平均成绩			59	70	90			
24	总成绩最高分			283					
25	总成绩最低分			160					
26	班级总人数			20					
27	男生人数			11					
28	女生人数			9					
29	男生平均成绩			218					
30	女生平均成绩			179					

图 4.41　"学生成绩统计表.xlsx"工作簿

3. 函数出错信息解决技巧

在函数使用过程中，有时会出现一些错误信息，下面介绍几种常见的异常情况及解决方法。

1) ####

错误原因：单元格中的数据太长；单元格公式所产生的结果太大；日期和时间格式的单元格做减法，出现了负值。

解决方法：调整列宽，使结果能够完全显示；如果是日期或时间相减产生了负值，则可以将单元格的格式设置成文本格式。

2) # VALUE!

错误原因：使用了错误的参数或运算对象类型；公式自动更正功能不能更正公式，从而产生错误值。

解决方法：确认公式或函数所需的运算符或参数是否正确，并且公式引用的单元格中包含有效的数值；确认数组常量不是单元格引用、公式或函数；将数值区域改为单一数值；修改数值区域，使其包含公式所在的数据行或列。

3) # DIV/0!

错误原因：在公式中，除数使用了空单元格或是包含零值单元格的单元格引用。

解决方法：修改单元格引用，或将单元格公式中的除数设为非零的数值。

4) # NUM!

错误原因：提供了无效的参数给工作表函数；公式的结果太大或太小而无法在工作表中显示。

解决方法：确认函数中使用的参数类型正确；如果是公式结果太大或太小，就要修改公式。

5) #REF!

错误原因：删除了由其他公式引用的单元格，或将移动单元格粘贴到了由其他公式引用的单元格中。

解决方法：更改公式或者在删除或粘贴单元格之后，立即单击"撤消"按钮，以恢复工作表中的单元格。

6) # NULL!

错误原因：在公式中的两个范围之间插入了一个空格以表示交叉点，但这两个范围没有公共单元格。

解决方法：取消两个范围之间的空格。

7) #N/A

错误原因：在函数或公式中没有可用数值，从而产生了错误值。

解决方法：如果工作表中某些单元格暂时没有数值，则在这些单元格中输入""#N/A""后，在引用这些单元格时将不进行数值计算，而是返回 #N/A。

项目 3　图书销售数据管理

在书店销售管理中，为了及时了解各类图书的销售情况，对畅销书籍进行及时补货或更新，需要对图书销售数据进行排序、筛选、分类汇总等操作。本项目以图书销售数据管理为例，介绍其制作过程，并对相关技术进行说明，结果如图 4.42 所示。

	A	B	C	D	E	F	G	H
1	图书销售情况表							
2	经售部门	图书名称	季度	数量	单价	销售额（元）		
3	第3分店	计算机应用基础	3	281	¥23.8	¥6,687.8		
4	第1分店	计算机应用基础	4	210	¥23.8	¥4,998.0		
5	第3分店	计算机应用基础	4	210	¥23.8	¥4,998.0		
6	第3分店	计算机应用基础	3	218	¥23.8	¥5,188.4		
7	第3分店	计算机应用基础	3	221	¥23.8	¥5,259.8		
8	第2分店	计算机应用基础	1	228	¥23.8	¥5,426.4		
9	第3分店	计算机应用基础	4	421	¥32.6	¥13,724.6		
10	第1分店	计算机应用基础	1	213	¥23.8	¥5,069.4		
11	第2分店	计算机应用基础	2	224	¥23.8	¥5,331.2		
12		计算机应用基础 汇总				¥56,683.6		
13	第1分店	图像处理	4	278	¥45.9	¥12,760.2		
14	第2分店	图像处理	2	309	¥45.9	¥14,183.1		
15	第1分店	图像处理	3	232	¥45.9	¥10,648.8		
16	第3分店	图像处理	3	560	¥45.9	¥25,704.0		
17	第1分店	图像处理	4	389	¥49.5	¥19,255.5		
18		图像处理 汇总				¥82,551.6		
19	第3分店	网页制作基础	2	312	¥32.6	¥10,171.2		
20	第1分店	网页制作基础	2	211	¥32.6	¥6,878.6		
21	第2分店	网页制作基础	4	218	¥32.6	¥7,106.8		
22	第2分店	网页制作基础	2	212	¥32.6	¥6,911.2		
23	第3分店	网页制作基础	4	230	¥32.6	¥7,498.0		
24	第3分店	网页制作基础	1	278	¥32.6	¥9,062.8		
25		网页制作基础 汇总				¥47,628.6		
26		总计				¥186,863.8		

分类汇总　自动筛选　高级筛选　筛选满足条件前几项　多级分类汇总　图书销售情况表

图 4.42　图书销售情况表

任务 1　使用记录单

Excel 2016 中的记录单使用对话框的形式，将表格中的记录一条一条地显示，用户可通过记录单对表格中的记录进行添加、删除、查看或修改等操作。

(1) 打开"图书销售情况表.xlsx"工作簿，选中 A1:F1 单元格区域，在"对齐方式"选项组中单击"合并后居中"按钮，将选中的多个单元格合并为一个单元格。将"图书销售情况表"字体设置为"宋体、加粗、20"。

(2) 单击标题栏中的"自定义快速访问工具栏"按钮，在弹出的下拉列表中选择"其他命令"选项，如图 4.43 所示。

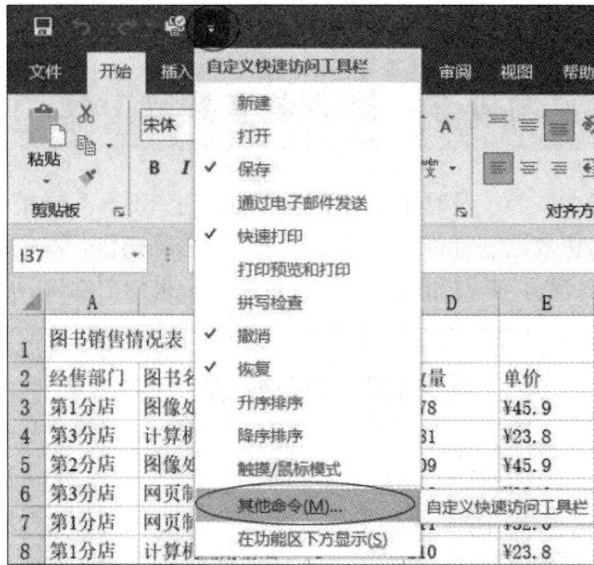

图 4.43   "其他命令"选项

(3) 打开"Excel 选项"对话框,在"快速访问工具栏"选项卡的"从下列位置选择命令"下拉列表中选择"所有命令"选项,将"记录单"命令添加到标题栏中,如图 4.44 所示。

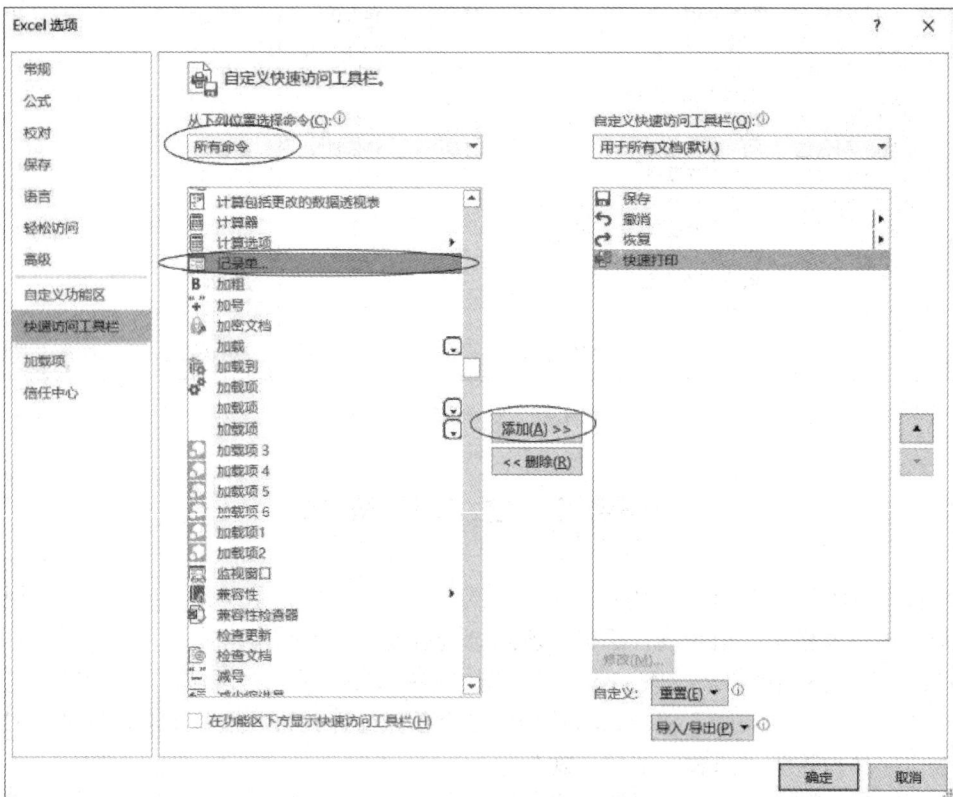

图 4.44   添加"记录单"命令

(4) 单击标题栏中的"记录单"快速访问按钮，打开"图书销售情况表"对话框。在该对话框中，用户可以对工作表中的数据记录进行添加、删除、查询等操作。单击"新建"按钮，在"图书销售情况表"对话框中输入记录值"第1分店，图像处理，4，389，49.5"，将添加一条新记录，如图 4.45 所示。

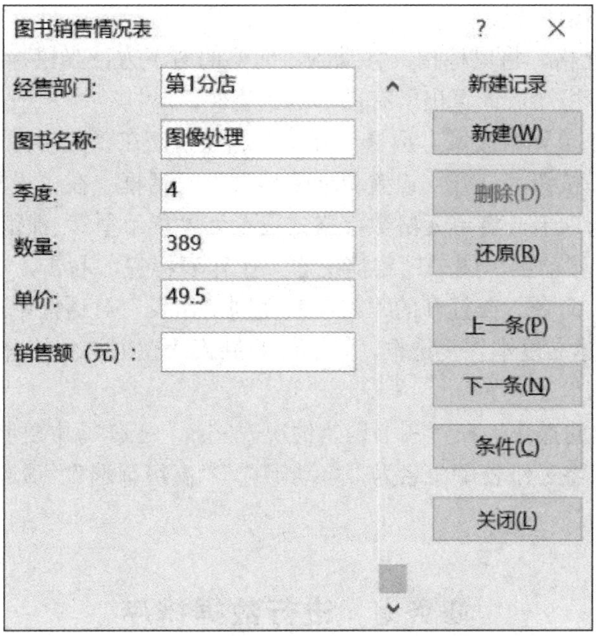

图 4.45 添加新记录

(5) 单击"关闭"按钮，添加记录结果如图 4.46 所示。

	A	B	C	D	E	F
1	图书销售情况表					
2	经售部门	图书名称	季度	数量	单价	销售额（元）
3	第1分店	图像处理	4	278	¥45.9	
4	第3分店	计算机应用基础	3	281	¥23.8	
5	第2分店	图像处理	2	309	¥45.9	
6	第3分店	网页制作基础	2	312	¥32.6	
7	第1分店	网页制作基础	2	211	¥32.6	
8	第1分店	计算机应用基础	4	210	¥23.8	
9	第3分店	计算机应用基础	4	210	¥23.8	
10	第3分店	计算机应用基础	3	218	¥23.8	
11	第2分店	网页制作基础	4	218	¥32.6	
12	第2分店	网页制作基础	2	212	¥32.6	
13	第3分店	计算机应用基础	3	221	¥23.8	
14	第2分店	计算机应用基础	1	228	¥23.8	
15	第3分店	网页制作基础	4	230	¥32.6	
16	第1分店	图像处理	3	232	¥45.9	
17	第3分店	计算机应用基础	4	421	¥32.6	
18	第3分店	图像处理	3	560	¥45.9	
19	第1分店	计算机应用基础	1	213	¥23.8	
20	第2分店	计算机应用基础	2	224	¥23.8	
21	第3分店	网页制作基础	1	278	¥32.6	
22	第1分店	图像处理	4	389	¥49.5	

图 4.46 添加记录结果

任务 2 计 算 销 售 额

(1) 选中 F3 单元格，在编辑栏中输入"=D3*E3"，按<Enter>键，计算出第 1 分店销售"图像处理"图书的销售额。

(2) 选中 F3 单元格，将鼠标指针移动到单元格的右下方，当鼠标指针变成黑十字时，按住鼠标左键并向下拖动，计算出所有图书的销售额。

(3) 选中 F3:F22 单元格区域，选择"开始"选项卡，在"数字"选项组中单击右下角的"对话框启动器"按钮，打开"设置单元格格式"对话框。在"设置单元格格式"对话框中选择"数字"选项卡，将单元格数字格式设置为"货币型"，保留 1 位小数。

(4) 将鼠标指针移动至"图书销售情况表"工作表标签，右击，在弹出的快捷菜单中选择"移动或复制"命令。在打开的"移动或复制工作表"对话框中选择工作簿"图书销售情况表"，勾选"建立复本"复选框，得到一张新表"图书销售情况表(2)"，将该工作表重命名为"分类汇总"。

(5) 重复步骤(4)的操作，在"图书销售情况表.xlsx"工作簿中复制 4 次"图书销售情况表"工作表，分别将工作表重命名为"自动筛选""高级筛选""筛选满足条件的前几项""多级分类汇总"。

任务 3 进 行 数 据 排 序

排序操作按照工作表中数据的一定顺序对其重新进行排列，排序不改变数据记录的内容，只改变记录在数据表中的位置。在"图书销售情况表"工作表中，按主要关键字"季度"的升序和次要关键字"图书名称"笔划的降序进行排列，操作步骤如下。

(1) 选中"图书销售情况表"工作表中的 A2:F22 单元格区域，选择"数据"选项卡，在"排序和筛选"选项组中单击"排序"按钮，打开"排序"对话框。在"主要关键字"下拉列表中选择"季度"选项，在"次序"下拉列表中选择"升序"选项。

(2) 单击"添加条件"按钮，在"次要关键字"下拉列表中选择"图书名称"选项，在"次序"下拉列表中选择"降序"选项，如图 4.47 所示。

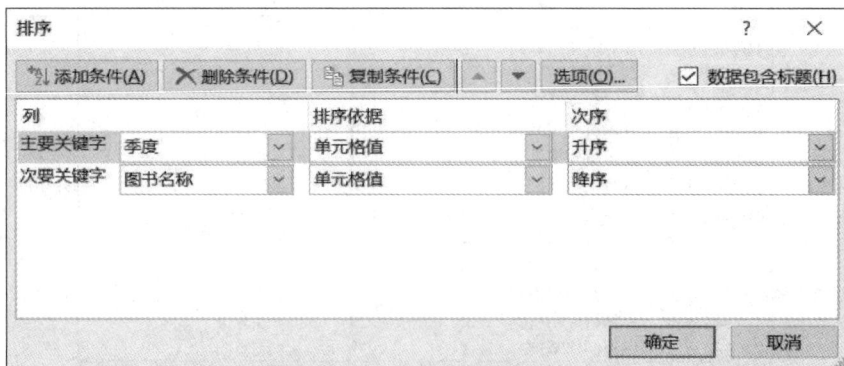

图 4.47 排序设置

(3) 由于"图书名称"按笔划降序排列，需要设置"排序选项"。单击"排序"对话框中的"选项"按钮，打开"排序选项"对话框，选中"笔划排序"单选按钮，如图 4.48 所示。单击"确定"按钮，返回"排序"对话框。

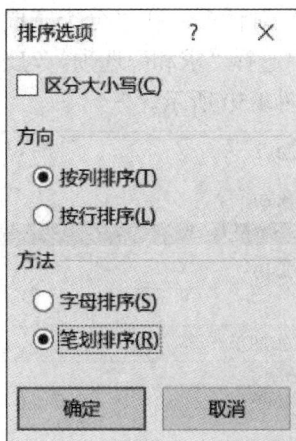

图 4.48　按笔划降序排列

(4) 在"排序"对话框中单击"确定"按钮，完成数据排序操作，排序结果如图 4.49 所示。

图书销售情况表

经销部门	图书名称	季度	数量	单价	销售额（元）
第3分店	网页制作基础	1	278	¥32.6	¥9,062.8
第2分店	计算机应用基础	1	228	¥23.8	¥5,426.4
第1分店	计算机应用基础	1	213	¥23.8	¥5,069.4
第2分店	图像处理	2	309	¥45.9	¥14,183.1
第3分店	网页制作基础	2	312	¥32.6	¥10,171.2
第1分店	网页制作基础	2	211	¥32.6	¥6,878.6
第2分店	网页制作基础	2	212	¥32.6	¥6,911.2
第2分店	计算机应用基础	2	224	¥23.8	¥5,331.2
第1分店	图像处理	3	232	¥45.9	¥10,648.8
第3分店	图像处理	3	560	¥45.9	¥25,704.0
第3分店	计算机应用基础	3	281	¥23.8	¥6,687.8
第3分店	计算机应用基础	3	218	¥23.8	¥5,188.4
第3分店	计算机应用基础	3	221	¥23.8	¥5,259.8
第1分店	图像处理	4	278	¥45.9	¥12,760.2
第1分店	图像处理	4	389	¥49.5	¥19,255.5
第2分店	网页制作基础	4	218	¥32.6	¥7,106.8
第3分店	网页制作基础	4	230	¥32.6	¥7,498.0
第1分店	计算机应用基础	4	210	¥23.8	¥4,998.0
第3分店	计算机应用基础	4	210	¥23.8	¥4,998.0
第3分店	计算机应用基础	4	421	¥32.6	¥13,724.6

图 4.49　完成数据排序操作

任务 4　进行分类汇总

分类汇总是对数据清单按某字段进行分类，将字段值相同的连续记录作为一类，进行求和、求平均值、计数等汇总运算的操作。在"分类汇总"工作表中对各类图书的销售额按求和的方式进行分类汇总，操作步骤如下。

(1) 选择"分类汇总"工作表，按主要关键字"图书名称"进行排序。

(2) 选中 A2:F22 单元格区域，选择"数据"选项卡，单击"分级显示"选项组中的"分类汇总"按钮，打开"分类汇总"对话框。在"分类字段"下拉列表中选择"图书名称"选项，在"汇总方式"下拉列表中选择"求和"选项，勾选"选定汇总项"列表框中的"销售额"复选框，其他设置参数如图 4.50 所示。

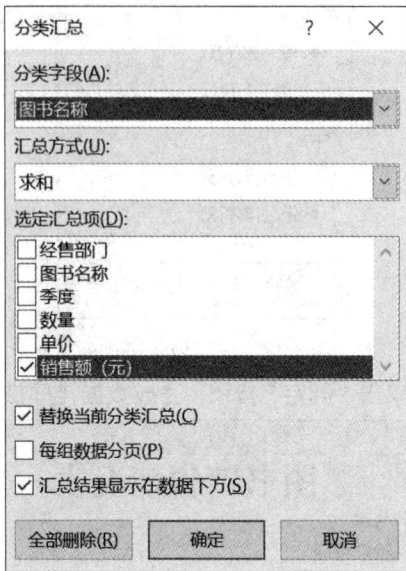

图 4.50　"分类汇总"对话框

(3) 单击"确定"按钮，完成分类汇总操作，结果如图 4.51 所示。

1 2 3		A	B	C	D	E	F
	1			图书销售情况表			
	2	经售部门	图书名称	季度	数量	单价	销售额（元）
	3	第3分店	计算机应用基础	3	281	¥23.8	¥6,687.8
	4	第1分店	计算机应用基础	4	210	¥23.8	¥4,998.0
	5	第3分店	计算机应用基础	4	210	¥23.8	¥4,998.0
	6	第3分店	计算机应用基础	3	218	¥23.8	¥5,188.4
	7	第3分店	计算机应用基础	3	221	¥23.8	¥5,259.8
	8	第2分店	计算机应用基础	1	228	¥23.8	¥5,426.4
	9	第3分店	计算机应用基础	4	421	¥32.6	¥13,724.6
	10	第1分店	计算机应用基础	1	213	¥23.8	¥5,069.4
	11	第2分店	计算机应用基础	2	224	¥23.8	¥5,331.2
−	12		计算机应用基础 汇总				¥56,683.6
	13	第1分店	图像处理	4	278	¥45.9	¥12,760.2
	14	第2分店	图像处理	2	309	¥45.9	¥14,183.1
	15	第1分店	图像处理	3	232	¥45.9	¥10,648.8
	16	第3分店	图像处理	3	560	¥45.9	¥25,704.0
	17	第1分店	图像处理	4	389	¥49.5	¥19,255.5
−	18		图像处理 汇总				¥82,551.6
	19	第3分店	网页制作基础	2	312	¥32.6	¥10,171.2
	20	第1分店	网页制作基础	2	211	¥32.6	¥6,878.6
	21	第2分店	网页制作基础	4	218	¥32.6	¥7,106.8
	22	第2分店	网页制作基础	2	212	¥32.6	¥6,911.2
	23	第3分店	网页制作基础	4	230	¥32.6	¥7,498.0
	24	第3分店	网页制作基础	1	278	¥32.6	¥9,062.8
−	25		网页制作基础 汇总				¥47,628.6
−	26		总计				¥186,863.8

分类汇总　自动筛选　高级筛选　图书销售情况表　Sheet2　She

图 4.51　完成分类汇总

任务 5　筛 选 数 据

筛选数据是指把数据清单中满足筛选条件的数据显示出来，把不满足筛选条件的数据暂时隐藏起来。当筛选条件被删除时，隐藏的数据便又恢复显示。数据筛选有自动筛选和高级筛选 2 种方式。

1. 自动筛选

自动筛选对各个字段自动建立筛选。在"自动筛选"工作表中筛选出"计算机应用基础"图书销售数量大于等于 200、小于 300 的记录，操作步骤如下。

(1) 选择"自动筛选"工作表，将光标定位在 A2:F22 单元格区域中的任意一个单元格中，选择"数据"选项卡，单击"排序和筛选"选项组中的"筛选"按钮，这时每一个字段的右下角都出现一个筛选箭头，如图 4.52 所示。

	A	B	C	D	E	F
1		图书销售情况表				
2	经售部门▼	图书名称　▼	季度▼	数量▼	单价▼	销售额（元▼
3	第1分店	图像处理	4	278	¥45.9	¥12,760.2
4	第3分店	计算机应用基础	3	281	¥23.8	¥6,687.8
5	第2分店	图像处理	2	309	¥45.9	¥14,183.1
6	第3分店	网页制作基础	2	312	¥32.6	¥10,171.2
7	第1分店	网页制作基础	2	211	¥32.6	¥6,878.6
8	第1分店	计算机应用基础	4	210	¥23.8	¥4,998.0
9	第3分店	计算机应用基础	4	210	¥23.8	¥4,998.0
10	第3分店	计算机应用基础	3	218	¥23.8	¥5,188.4
11	第2分店	网页制作基础	4	218	¥32.6	¥7,106.8
12	第2分店	网页制作基础	2	212	¥32.6	¥6,911.2
13	第3分店	计算机应用基础	2	221	¥23.8	¥5,259.8
14	第2分店	计算机应用基础	1	228	¥23.8	¥5,426.4
15	第3分店	网页制作基础	2	230	¥32.6	¥7,498.0
16	第1分店	图像处理	3	232	¥45.9	¥10,648.8
17	第3分店	计算机应用基础	4	421	¥32.6	¥13,724.6
18	第3分店	图像处理	3	560	¥45.9	¥25,704.0
19	第1分店	计算机应用基础	1	213	¥23.8	¥5,069.4
20	第2分店	计算机应用基础	2	224	¥23.8	¥5,331.2
21	第3分店	网页制作基础	1	278	¥32.6	¥9,062.8
22	第1分店	图像处理	4	389	¥49.5	¥19,255.5

分类汇总　自动筛选　高级筛选　图书销售情况表　Sheet2　S

图 4.52　选择"自动筛选"工作表

(2) 单击"图书名称"字段右下角的筛选箭头，勾选"计算机应用基础"复选框，如图 4.53 所示。单击"确定"按钮，筛选出所有"计算机应用基础"图书的销售记录。

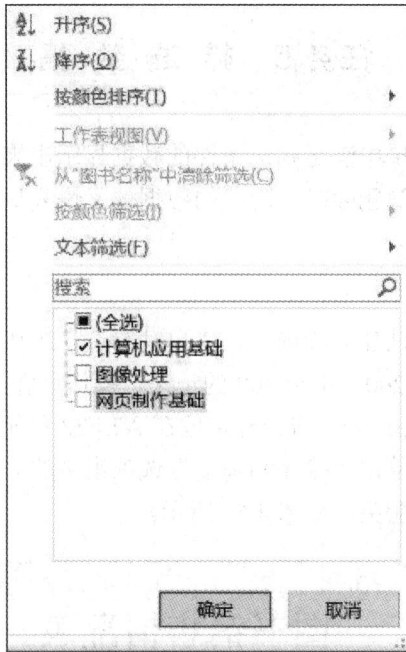

图 4.53 勾选"计算机应用基础"复选框

(3) 单击"数量"字段右下角的筛选箭头,在"数字筛选"下拉菜单中选择"自定义筛选"选项,如图 4.54 所示。

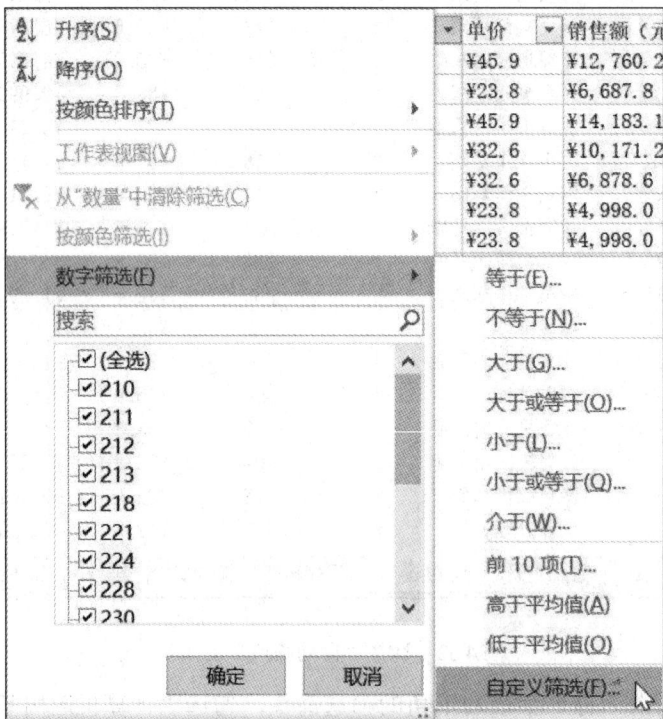

图 4.54 选择"自定义筛选"选项

(4) 在弹出的"自定义自动筛选方式"对话框中，设置数量的筛选条件为"大于或等于 200 与小于 300"，如图 4.55 所示。

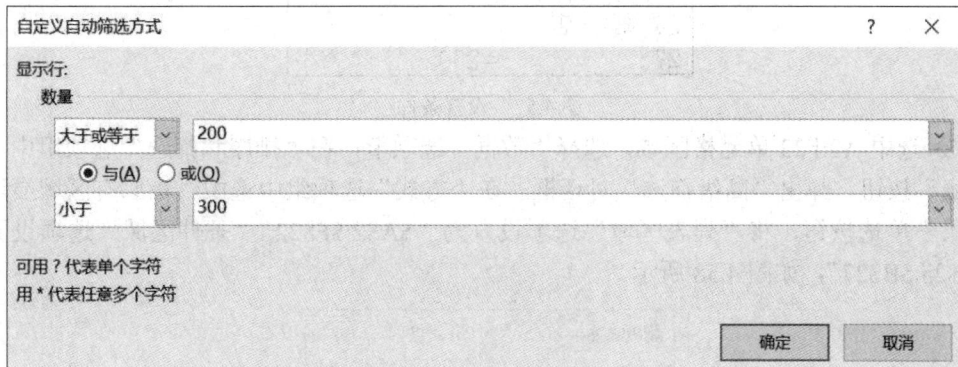

图 4.55　筛选条件

(5) 单击"确定"按钮，筛选出"计算机应用基础"图书销售数量大于等于 200、小于 300 的记录，筛选结果如图 4.56 所示。

	A	B	C	D	E	F
1			图书销售情况表			
2	经售部门	图书名称	季度	数量	单价	销售额（元
3	第1分店	图像处理	4	278	¥45.9	¥12,760.2
4	第3分店	计算机应用基础	3	281	¥23.8	¥6,687.8
7	第1分店	网页制作基础	2	211	¥32.6	¥6,878.6
8	第1分店	计算机应用基础	4	210	¥23.8	¥4,998.0
9	第3分店	计算机应用基础	4	210	¥23.8	¥4,998.0
10	第3分店	计算机应用基础	3	218	¥23.8	¥5,188.4
11	第2分店	网页制作基础	4	218	¥32.6	¥7,106.8
12	第2分店	网页制作基础	2	212	¥32.6	¥6,911.2
13	第3分店	计算机应用基础	3	221	¥23.8	¥5,259.8
14	第2分店	计算机应用基础	1	228	¥23.8	¥5,426.4
15	第3分店	网页制作基础	4	230	¥32.6	¥7,498.0
16	第1分店	图像处理	3	232	¥45.9	¥10,648.8
19	第1分店	计算机应用基础	1	213	¥23.8	¥5,069.4
20	第2分店	计算机应用基础	2	224	¥23.8	¥5,331.2
21	第3分店	网页制作基础	1	278	¥32.6	¥9,062.8

图 4.56　筛选结果

2. 高级筛选

自动筛选对各字段的筛选是"逻辑与"的关系，即同时满足多个条件。但若要实现字段间"逻辑或"的关系，即满足任一条件，则必须借助于高级筛选。

在"高级筛选"工作表中，筛选出经售部门为"第 1 分店"或销售图书数量大于且等于 230 的销售记录，操作步骤如下。

(1) 选择"高级筛选"工作表，在 A25:B27 单元格区域中设置条件，如图 4.57 所示。

25	经售部门	数量
26	第1分店	
27		>=230

图 4.57　设置条件

(2) 选中 A2:F22 单元格区域，选择"数据"选项卡，在"排序和筛选"选项组中单击"高级"按钮，弹出"高级筛选"对话框。在"方式"选项组中选中"在原有区域显示筛选结果"单选按钮，将"列表区域"选项设置为"$A$2:$F$22""条件区域"选项设置为"$A$25:$B$27"，如图 4.58 所示。

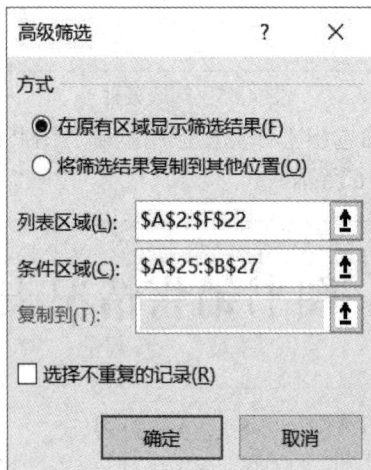

图 4.58　"高级筛选"对话框

(3) 单击"确定"按钮，完成高级筛选，结果如图 4.59 所示。

	A	B	C	D	E	F
1			图书销售情况表			
2	经售部门	图书名称	季度	数量	单价	销售额（元）
3	第1分店	图像处理	4	278	¥45.9	¥12,760.2
4	第3分店	计算机应用基础	3	281	¥23.8	¥6,687.8
5	第2分店	图像处理	2	309	¥45.9	¥14,183.1
6	第3分店	网页制作基础	2	312	¥32.6	¥10,171.2
7	第1分店	网页制作基础	2	211	¥32.6	¥6,878.6
8	第1分店	计算机应用基础	4	210	¥23.8	¥4,998.0
15	第3分店	网页制作基础	4	230	¥32.6	¥7,498.0
16	第1分店	图像处理	3	232	¥45.9	¥10,648.8
17	第3分店	计算机应用基础	4	421	¥32.6	¥13,724.6
18	第3分店	图像处理	3	560	¥45.9	¥25,704.0
19	第1分店	计算机应用基础	1	213	¥23.8	¥5,069.4
21	第3分店	网页制作基础	1	278	¥32.6	¥9,062.8
22	第1分店	图像处理	4	389	¥49.5	¥19,255.5
23						
24						
25	经售部门	数量				
26	第1分店					
27		>=230				

图 4.59　完成高级筛选

任务 6　筛选满足条件的前几项记录清单

在数据筛选使用过程中，有时只需筛选某个字段中的前几位，如筛选出销售额排名前 8 位的记录，操作步骤如下。

(1) 选择"筛选满足条件的前几项"工作表，将光标定位在 A2:F22 单元格区域中的任意一个单元格中，选择"数据"选项卡，单击"排序和筛选"选项组中的"筛选"按钮。

(2) 单击"销售额(元)"字段的筛选箭头，在"数字筛选"下拉菜单中选择"前 10 项"选项，如图 4.60 所示。

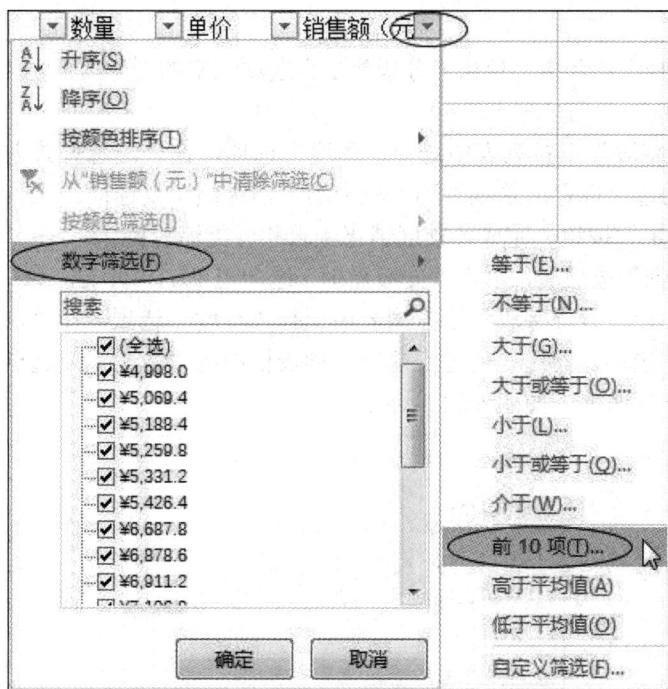

图 4.60　"数字筛选"下拉菜单

(3) 在打开的"自动筛选前 10 个"对话框中，设置"显示"区域为"最大""8""项"，如图 4.61 所示。单击"确定"按钮，筛选出销售额排在前 8 位的记录。

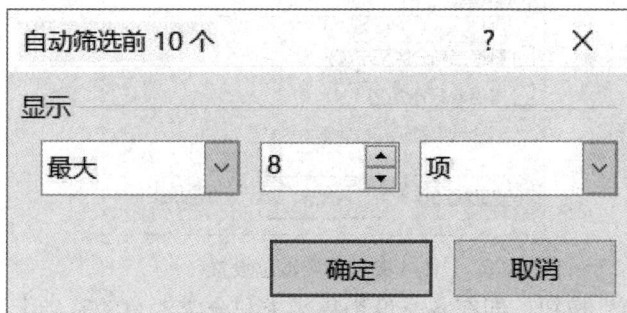

图 4.61　设置"显示"区域

任务 7　创建多级分类汇总清单

在进行分类汇总操作的过程中，用户可对同一字段进行多种方式的汇总。下面对"图书销售情况表"按各季度的销售额求和汇总，同时对各季度的销售数量进行统计，操作步骤如下。

(1) 选择"多级分类汇总"工作表，选中 A2:F22 单元格区域。

(2) 选择"数据"选项卡，单击"排序和筛选"选项组中的"排序"按钮，打开"排序"对话框，按照主要关键字"季度"的升序和次要关键字"图书名称"笔划的降序进行排序。

(3) 选择"数据"选项卡，单击"分级显示"选项组中的"分类汇总"按钮，打开"分类汇总"对话框。

(4) 在"分类字段"下拉列表中选择"季度"选项，在"汇总方式"下拉列表中选择"求和"选项，勾选"选定汇总项"列表框中的"销售额"复选框。

(5) 单击"确定"按钮，完成各季度销售额求和分类汇总操作。

(6) 选择"数据"选项卡，单击"分级显示"选项组中的"分类汇总"按钮，打开"分类汇总"对话框。在"分类字段"下拉列表中选择"季度"选项，在"汇总方式"下拉列表中选择"计数"选项，勾选"选定汇总项"列表框中的"数量"复选框，取消勾选"替换当前分类汇总"复选框，如图 4.62 所示。

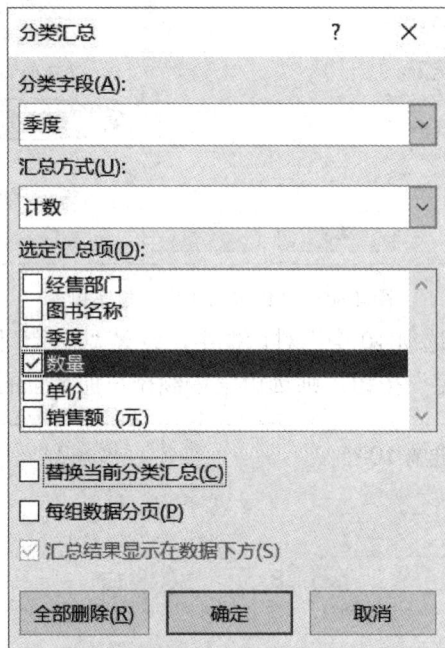

图 4.62　分类汇总设置

(7) 单击"确定"按钮，即在各季度销售额求和分类汇总的基础上，完成了各季度销售数量的计数分类汇总，如图 4.63 所示。

	A	B	C	D	E	F
1	图书销售情况表					
2	经售部门	图书名称	季度	数量	单价	销售额（元）
3	第3分店	网页制作基础	1	278	¥32.6	¥9,062.8
4	第2分店	计算机应用基础	1	228	¥23.8	¥5,426.4
5	第1分店	计算机应用基础	1	213	¥23.8	¥5,069.4
6			1 计数	3		
7			1 汇总			¥19,558.6
8	第2分店	图像处理	2	309	¥45.9	¥14,183.1
9	第3分店	网页制作基础	2	312	¥32.6	¥10,171.2
10	第1分店	网页制作基础	2	211	¥32.6	¥6,878.6
11	第2分店	网页制作基础	2	212	¥32.6	¥6,911.2
12	第2分店	计算机应用基础	2	224	¥23.8	¥5,331.2
13			2 计数	5		
14			2 汇总			¥43,475.3
15	第1分店	图像处理	3	232	¥45.9	¥10,648.8
16	第3分店	图像处理	3	560	¥45.9	¥25,704.0
17	第3分店	计算机应用基础	3	281	¥23.8	¥6,687.8
18	第3分店	计算机应用基础	3	218	¥23.8	¥5,188.4
19	第3分店	计算机应用基础	3	221	¥23.8	¥5,259.8
20			3 计数	5		
21			3 汇总			¥53,488.8
22	第1分店	图像处理	4	278	¥45.9	¥12,760.2
23	第1分店	图像处理	4	389	¥49.5	¥19,255.5
24	第2分店	网页制作基础	4	218	¥32.6	¥7,106.8
25	第3分店	网页制作基础	4	230	¥32.6	¥7,498.0
26	第1分店	计算机应用基础	4	210	¥23.8	¥4,998.0
27	第3分店	计算机应用基础	4	210	¥23.8	¥4,998.0
28	第3分店	计算机应用基础	4	421	¥32.6	¥13,724.6
29			4 计数	7		
30			4 汇总			¥70,341.1
31			总计数	20		
32			总计			¥186,863.8

图 4.63　多级分类汇总结果

项目 4　制作职称结构统计图

职称管理工作是高校人事管理工作的一项重要内容。大量毫无规律的数据不容易被记忆，而图形却能给人很深的印象。在统计学中，图表是经常用到的一种说明方式，它直观地表现了数据的规律，形象地展示了数据的趋势，使复杂、庞大的数据变得更加容易理解。职称结构统计图效果如图 4.64 所示。

	A	B	C
1	高校教师职称结构统计表		
2	职称结构	人数	所占比例
3	教　授	46	9.91%
4	副教授	108	23.28%
5	讲　师	187	40.30%
6	助　教	123	26.51%
7	合计	464	

职称结构统计图　职称人数分布图　簇状柱形图　修改簇状柱形图格式

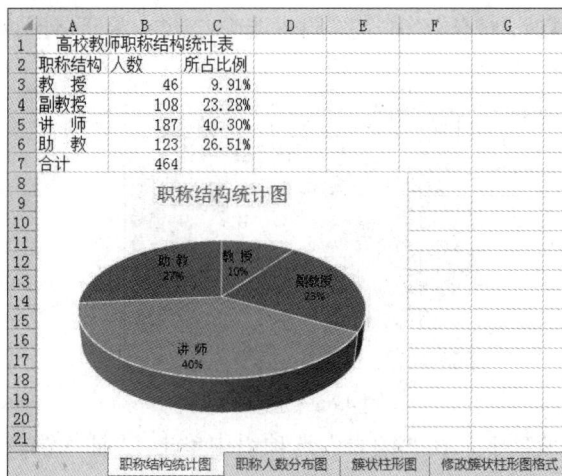

图 4.64　职称结构统计图效果

任务 1　计算职称比例

下面计算职称比例,教师职称所占比例是各职称人数与教师总人数的比例,操作步骤如下。

(1) 打开"高校教师职称结构统计表.xlsx"工作簿,选中 B7 单元格,选择"开始"选项卡,在"编辑"选项组中单击"自动求和"按钮,确定函数参数为"B3:B6",计算出教师总人数。

(2) 选中 C3 单元格,在编辑栏中输入"=B3/$B$7",按<Enter>键,计算教授职称所占比例。

(3) 选中 C3 单元格,按住鼠标左键拖动填充柄至 C6 单元格,松开鼠标左键,完成所有职称所占比例计算。

(4) 选中 C3:C6 单元格区域,在选区中右击,在弹出的快捷菜单中选择"设置单元格格式"命令,打开"设置单元格格式"对话框。选择"数字"选项卡,在"分类"列表框中选择"百分比"选项,将小数位数设置为"2",单击"确定"按钮,完成效果如图 4.65 所示。

	A	B	C
1	高校教师职称结构统计表		
2	职称结构	人数	所占比例
3	教　授	46	9.91%
4	副教授	108	23.28%
5	讲　师	187	40.30%
6	助　教	123	26.51%
7	合计	464	

图 4.65　完成效果

任务 2　创 建 图 表

以"高校教师职称结构统计表"中的教师职称为横轴,以所占比例为纵轴,制作"职称结构统计图"三维饼图,并显示各职称所占比例,操作步骤如下。

(1) 选中 A2:A6、C2:C6 单元格区域。由于选中的数据范围是不连续的区域,用户可在选中 A2:A6 单元格区域时,按住<Ctrl>键,同时选中 C2:C6 单元格区域,选取结果如图 4.66 所示。

	A	B	C
1	高校教师职称结构统计表		
2	职称结构	人数	所占比例
3	教　授	46	9.91%
4	副教授	108	23.28%
5	讲　师	187	40.30%
6	助　教	123	26.51%
7	合计	464	

图 4.66　选取结果

(2) 选择"插入"选项卡,在"图表"选项组中单击 "插入饼图或圆环图"按钮,弹出下拉列表,在下拉列表中单击"三维饼图"按钮。

（3）图表生成后，选中"所占比例"图表，选择图表工具"设计"选项卡，单击"图表布局"选项组中的"快速布局"按钮，在打开的列表中选择"布局 1"选项，显示各职称所占比例，如图 4.67 所示。

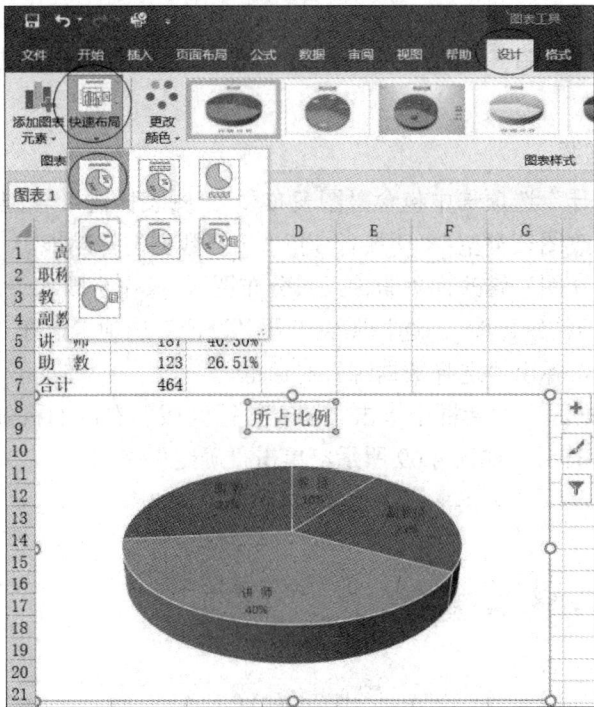

图 4.67　各职称占比

（4）选中图表标题"所占比例"，输入"职称结构统计图"，修改图表标题，效果如图 4.68 所示。

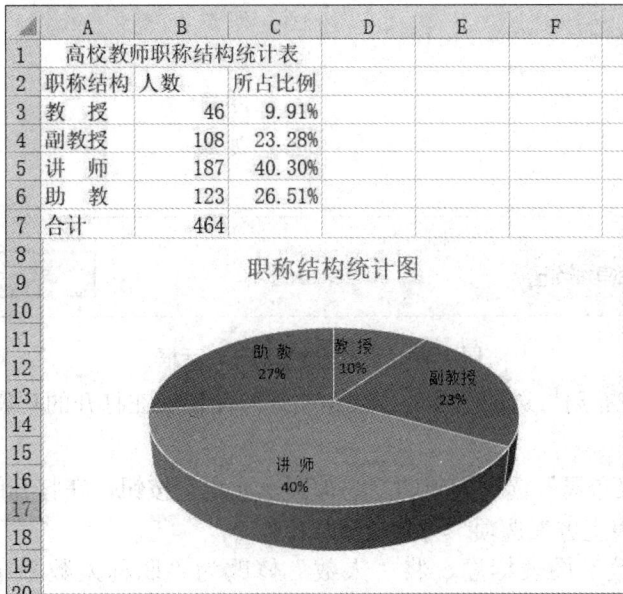

图 4.68　效果

任务3 编辑图表

选中"职称结构统计图",功能区中将出现"图表工具"选项卡,其中包括"设计""格式"子选项卡。

1. 修改图表数据源

在图表工具"设计"选项卡中包含"图表布局""图表样式""数据""类型""位置"选项组,提供了"更改图表类型""切换行/列""选择数据"等功能。

将"职称结构统计图"修改为"职称人数分布图",操作步骤如下。

(1) 选中"职称结构统计图",选择图表工具"设计"选项卡,在"数据"选项组中单击"选择数据"按钮,弹出"选择数据源"对话框。

(2) 在"选择数据源"对话框中单击"图表数据区域"右侧的折叠按钮,选择单元格区域"Sheet1!\$A\$2:\$B\$6",如图 4.69 所示,单击"确定"按钮。

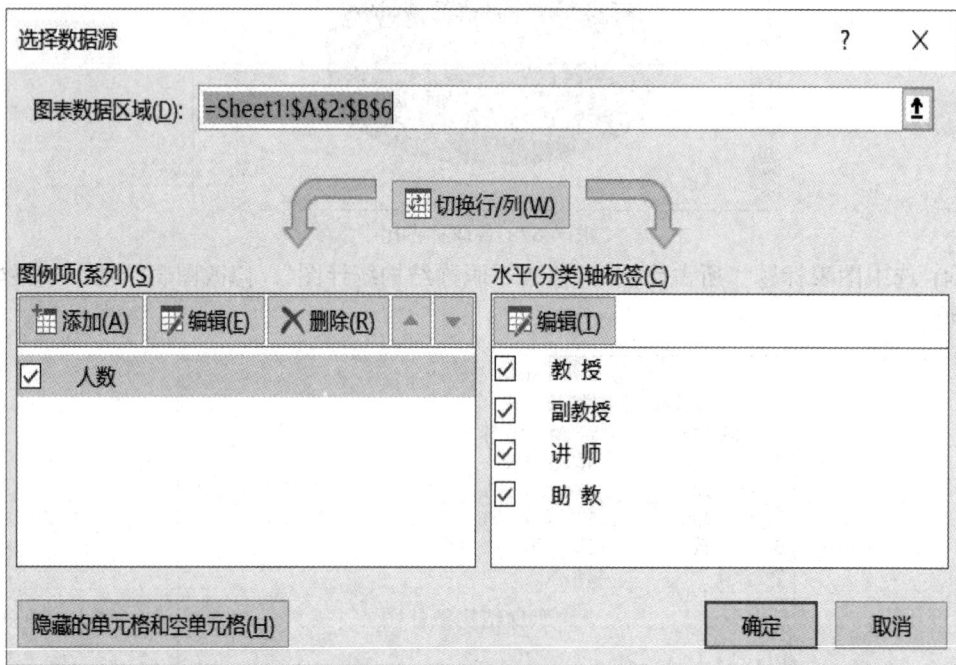

图 4.69 "选择数据源"对话框

(3) 单击"图表布局"选项组中的"快速布局"按钮,在打开的列表中选择"布局 4"选项。

(4) 单击"图表布局"选项组中的"添加图表元素"按钮,在打开的列表中选择"图表标题"中的"图表上方"选项,为图表添加标题。

(5) 单击"人数"图表标题,将"人数"修改为"职称人数分布图",如图 4.70 所示。

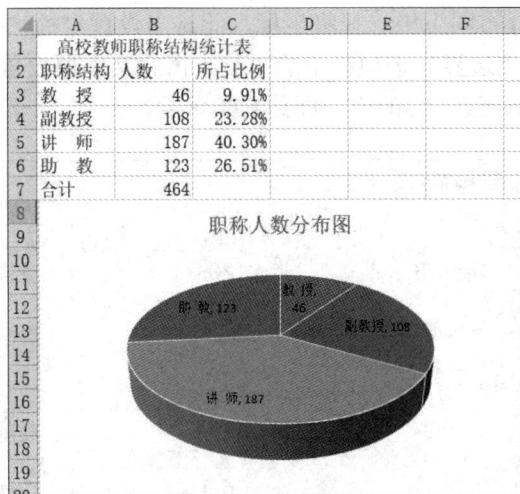

图 4.70　职称人数分布图

2. 更改图表类型

以"职称人数分布图"为例，更改图表类型为"簇状柱形图"，设置纵坐标轴格式为"最小值：20""主要刻度单位：30"，在右侧显示图例，操作步骤如下。

(1) 选中"职称人数分布图"图表，选择图表工具"设计"选项卡，单击"类型"选项组中的"更改图表类型"按钮，打开"更改图表类型"对话框。在"更改图表类型"对话框中选择"柱形图"中的"簇状柱形图"选项。

(2) 单击"图表布局"选项组中的"添加图表元素"按钮，在打开的下拉列表中选择"坐标轴"中的"更多轴选项"，在工作表编辑区右侧显示"设置坐标轴格式"任务窗格，如图 4.71 所示。

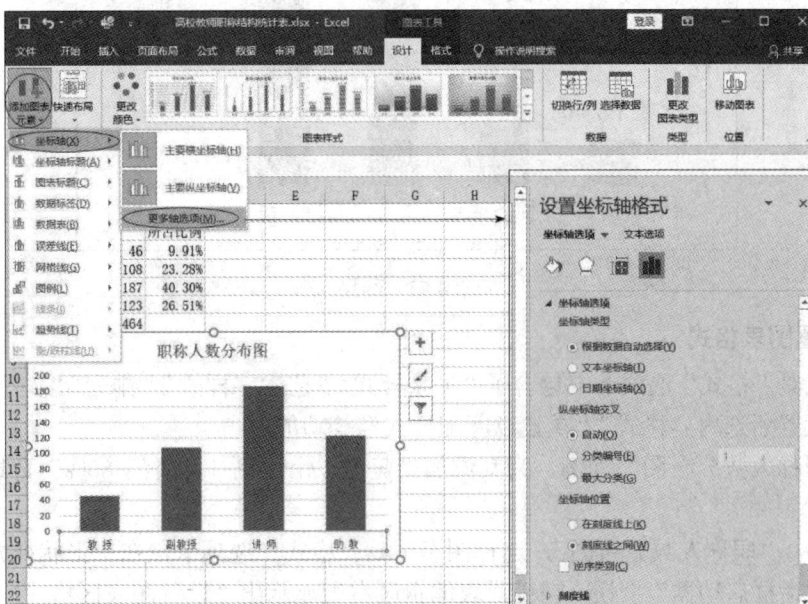

图 4.71　"设置坐标轴格式"任务窗格

（3）在"职称人数分布图"中选择纵坐标，此时"设置坐标轴格式"任务窗格中将显示边界和单位信息。将"边界"选项组中的"最小值"文本框设置为"20.0"，"单位"选项组中的"大"文本框设置为"30.0"，如图4.72所示。

图4.72　设置坐标轴格式

（4）单击"添加图表元素"按钮，在打开的下拉列表中选择"图例"中的"右侧"选项，结果如图4.73所示。

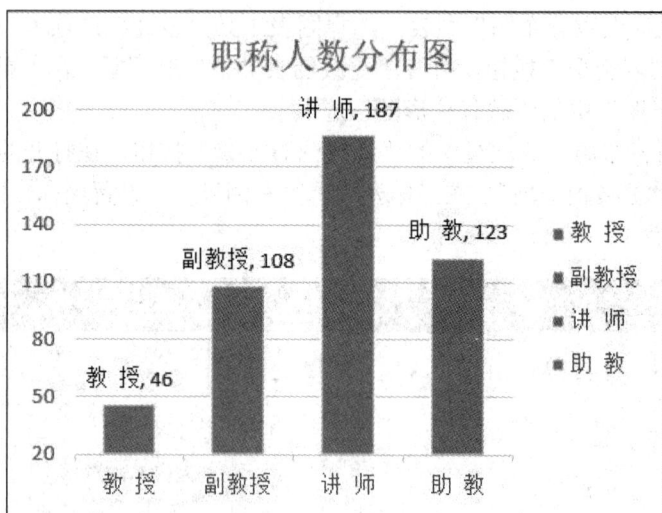

图4.73　结果

3. 设置图表格式

图表工具"格式"选项卡中包含了"形状样式""艺术字样式""排列""大小"选项组，提供了"设置所选内容格式""重设以匹配样式"等功能。

以"职称人数分布图"为例，为其添加"蓝色，个性色1，淡色80%"背景，操作步骤如下。

（1）选中"职称人数分布图"，选择图表工具"格式"选项卡，在"形状样式"选项组中单击"对话框启动器"按钮，在工作表编辑区右侧显示出"设置图表区格式"任务窗格。

（2）在"设置图表区格式"任务窗格中，选中"填充"选项组中的"纯色填充"单选

按钮,在"颜色"下拉列表中选择主题颜色为"蓝色,个性色 1,淡色 80%",如图 4.74
所示。最终完成效果如图 4.75 所示。

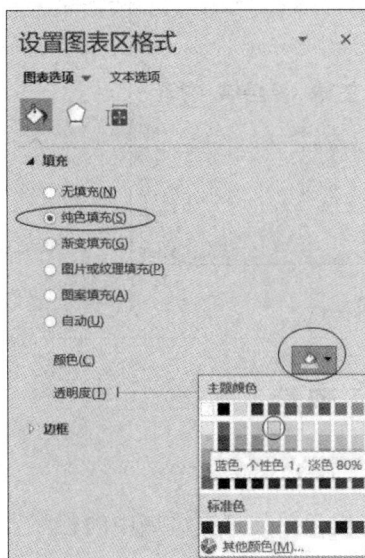

图 4.74　"设置图表区格式"任务窗格

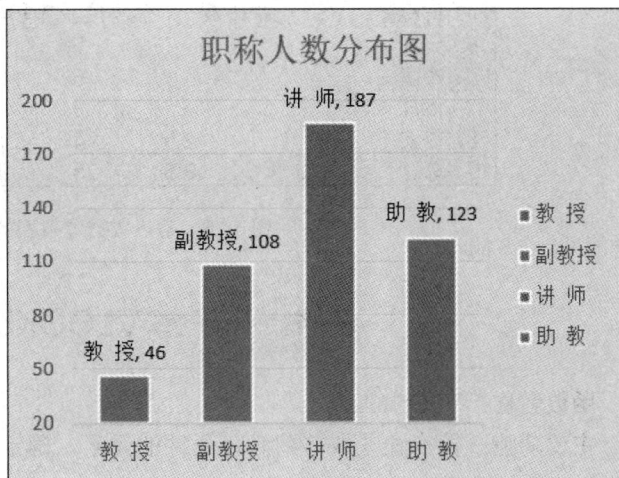

图 4.75　最终完成效果

任务 4　增加与删除图表内容

在建好图表后,除了可以使用图表工具"设计"选项卡中的"选择数据"按钮改变图
表所表示的数据范围外,Excel 2016 还提供了更简单的增加或减少数据范围的操作方法。

1. 增加数据范围

向工作表图表中添加数据,最便捷的方法是,复制要添加的单元格数据区域,在图
表区的空白位置按<Ctrl + V>组合键(或者在图表的数据区域内粘贴),即可完成数据内容
的添加。

2. 删除图表内容

对于不需要在图表中显示的内容,可以将其删除。如果要删除图表中的某一对象,可
在图表区域中将要删除的图表对象选中,按<Delete>键,即可完成图表对象的删除。如果要
删除整个图表,可框选整个图表,按<Delete>键,即可完成删除操作。

项目 5　销售数据分析

在商品销售过程中,经常会对近期销售商品的销售额、毛利润和销售情况进行分析,
为了确定商品品种、数量和商品的销售情况,特制作销售数据透视表,效果如图 4.76
所示。

	A	B	C	D	E	F	G
1	销售时间	(全部)					
2							
3	求和项:销售量	列标签					
4	行标签	毕俊萍	焦晓清	李佳佳	王皓	尹培焕	总计
5	大枣	7	2		1	5	15
6	蜂蜜	1	6	3	3	2	15
7	木耳		3	5	4	3	15
8	香油	1.5	4	3	1	1	10.5
9	总计	9.5	15	11	9	11	55.5

图 4.76 销售数据透视表效果

任务 1 了解 VLOOKUP 函数

函数名称：VLOOKUP( )。

主要功能：搜索表区域首列满足条件的元素，确定待检索单元格在区域中的行序号，再进一步返回选定单元格的值。

使用格式：VLOOKUP(Lookup-value，Table-array，Col-index-num，Range-lookup)。

参数说明：Lookup-value 是查找的内容；Table-array 是查找的区域；Col-index-num 是查找区域中的第几列；Range-lookup 设置是精确查找还是模糊查找，设置为“FALSE”或“0”表示模糊查找，设置为“TRUE”或“非 0”表示精确查找。

任务 2 计算销售额和毛利润

(1) 打开“销售数据分析.xlsx”工作簿，在“商品销售情况表”工作表中，选中 D3 单元格。选择“公式”选项卡，在“函数库”选项组中单击“插入函数”按钮，弹出“插入函数”对话框。在“插入函数”对话框中选择“VLOOKUP”函数，单击“确定”按钮，弹出 VLOOKUP( )函数的“函数参数”对话框。

(2) 在“函数参数”对话框中输入参数。设置 Lookup-value 为“C3”；Table-array 为“商品进销表!$A$2:$D$6”；Col-index-num 为“2”；Range-lookup 为“0”。使用填充柄复制公式至最后一条记录，查找出所有商品的“单位”。

(3) 在 F3 单元格中输入公式“=VLOOKUP(C3，商品进销表!$A$2:$D$6, 3, 0)”，使用填充柄复制公式查找所有产品的“进价”。

(4) 在 G3 单元格中输入公式“=VLOOKUP(C3，商品进销表!$A$2:$D$6, 4, 0)”，使用填充柄复制公式查找所有产品的“售价”。

(5) 销售额 = 售价 × 销售量，在 H3 单元格中输入公式“=G3*E3”，使用填充柄复制公式计算所有员工销售额。

(6) 毛利润 = (售价 − 进价) × 销售量，在 I3 单元格中输入公式“=(G3-F3)*E3”，使用填充柄复制公式计算所有员工销售毛利润。

任务 3　　制作数据透视表分析商品销售情况

(1) 选中"商品销售情况表"工作表 A2:I25 单元格区域中的任一单元格。

(2) 选择"插入"选项卡，单击"表格"选项组中的"数据透视表"按钮，打开"创建数据透视表"对话框。

(3) 在"创建数据透视表"对话框中，选中"选择一个表或区域"单选按钮，单击"表/区域"中的"扩展区域"按钮，选中 A2:I25 单元格区域。在"选择放置数据透视表的位置"选项组中选中"新工作表"单选按钮。

(4) 单击"确定"按钮，打开"数据透视表字段"任务窗格。

(5) 在"数据透视表字段"任务窗格中，将"销售时间"字段拖动到"筛选器"列表框中；将"员工姓名"字段拖动到"列"列表框中；将"商品名称"字段拖动到"行"列表框中；将"求和项：销售量"字段拖动到"值"列表框中。

(6) 设置完成后自动生成数据透视表。

模块 5

PowerPoint 2016 演示文稿软件

PowerPoint 是一款演示文稿软件，是 Office 办公软件的三大核心组件之一，简称 PPT。其基本界面与 Word 和 Excel 十分相似，用户可以在投影仪或计算机上进行演示，也可以将演示文稿打印出来，还可以在互联网上召开远程会议、面对面会议或向观众进行展示。PowerPoint 是工作中进行汇报演示时经常用到的软件。

项目1 演示文稿软件基本操作

演示文稿中的每一页就叫幻灯片，每张幻灯片都是演示文稿中既相互独立又相互联系的内容。在制作演示文稿时，实际上就是按照一定的思路设计每一页幻灯片的内容。本项目主要是了解 PowerPoint 2016 的功能及运行环境，认识 PowerPoint 2016 工作界面，熟练掌握 PowerPoint 2016 的启动、退出和删除，演示文档的建立与存储等基本操作；理解 PowerPoint 2016 中的对象及演示文稿的组成。

任务1 认识 PowerPoint 2016 的工作界面

PowerPoint 2016 的工作界面如图 5.1 所示。

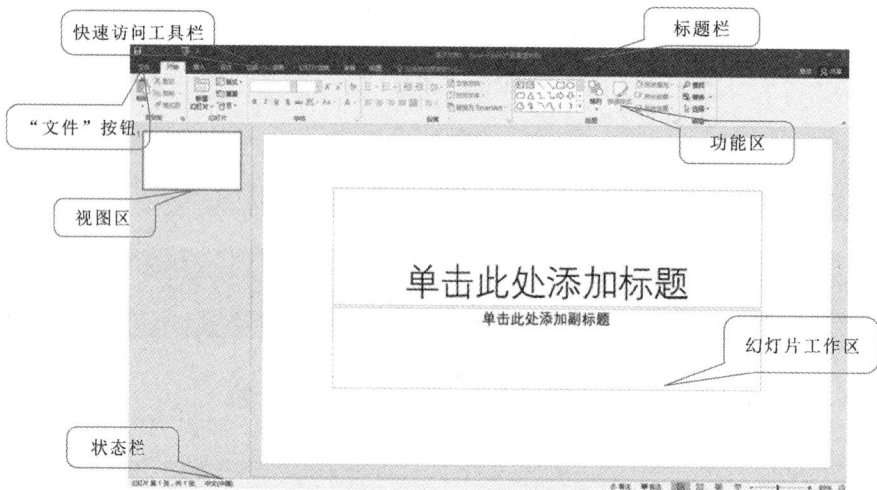

图 5.1 PowerPoint2016 的工作界面

(1) 标题栏：标题栏显示正在编辑文档的文件名和正在使用的软件的名称。它还包括标准的"最小化""还原"和"关闭"按钮。

(2) 快速访问工具栏：快速访问工具栏是一个可自定义的工具栏，包含一组独立于当前显示的功能区上的选项卡的命令。快速访问工具栏上经常使用撤销、保存、恢复等命令。

(3) "文件"按钮：单击此按钮可进行如新建、打开、保存、打印和关闭等操作命令。

(4) 功能区：标题栏的下方统称功能区。选中不同类别的选项卡，功能区的命令组会出现变化并会出现具备不同功能的按钮，有些选项卡只会在需要时才会显现，例如选中插入的图片后，就会出现"格式"选项卡。

(5) 视图区：视图区以缩略图的形式显示幻灯片每页的信息，并通过单击进行幻灯片的切换。

(6) 幻灯片工作区：在这里可以进行每页幻灯片的布局和编辑。

(7) 状态栏：状态栏从左到右分别可以显示幻灯片信息、开启备注和批注、调整幻灯片缩放效果。

任务 2　熟悉 PowerPoint 2016 的基本操作

1. 启动 PowerPoint 2016 并新建空白演示文稿

(1) 单击"开始"按钮，依次选择"所有应用"→"PowerPoint 2016"选项，启动 PowerPoint 2016，打开的界面如图 5.2 所示。

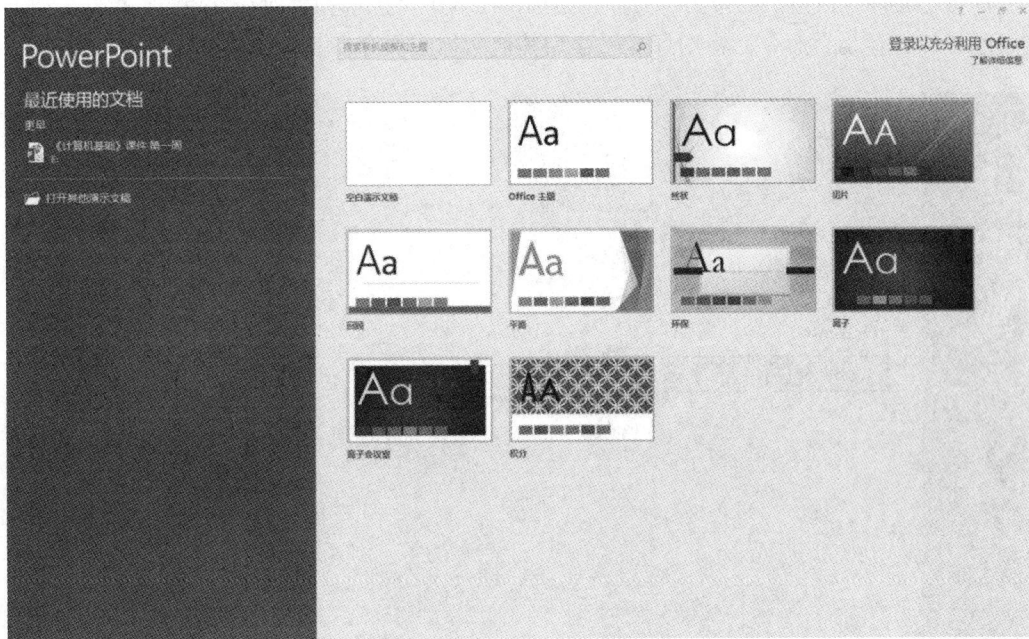

图 5.2　启动 PowerPoint 2016

(2) 单击启动界面中的"空白演示文稿"，即可创建一个新的空白幻灯片，如图 5.3 所示。

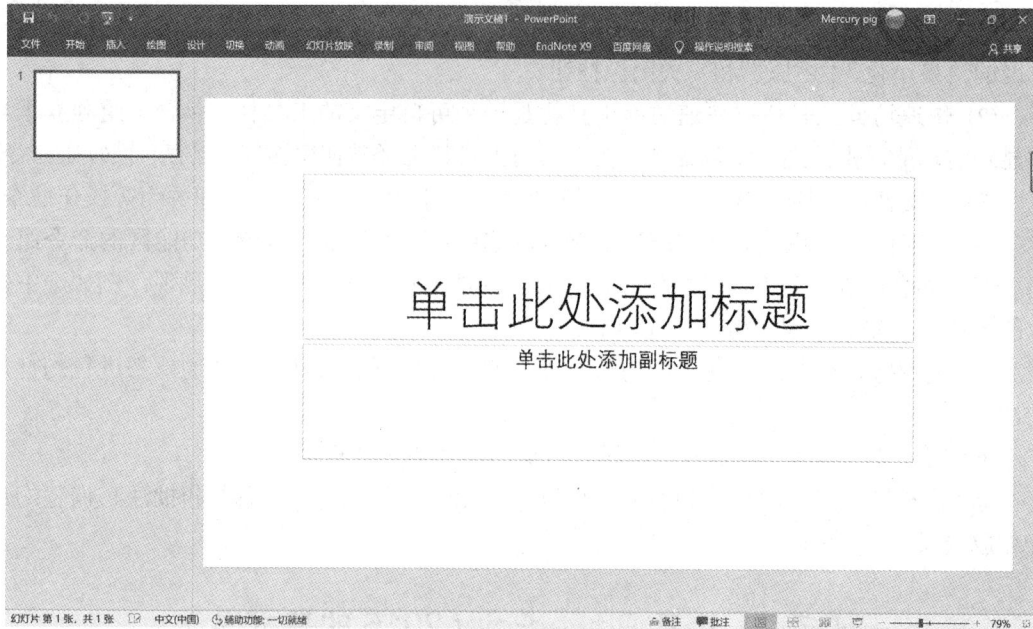

图 5.3　空白幻灯片界面

注意：也可以在新建幻灯片时，利用给出的各种模板或联机搜索模板创建具有不同背景效果的幻灯片，这样更便于大家进行设计，提高设计效率。

2. 保存幻灯片

单击"文件"按钮，可弹出"文件"菜单，在其中可以选择"保存"命令，保存幻灯片，也可选择"另存为"命令，将幻灯片另存为其他名称或保存在其他位置，如图 5.4 所示。

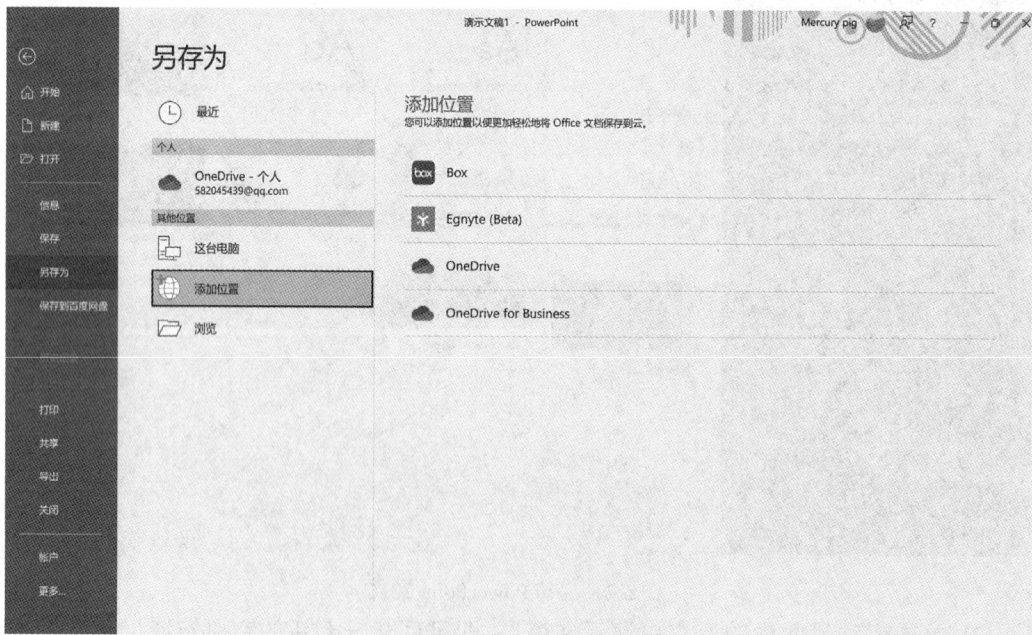

图 5.4　"文件"菜单

3. 新建、复制、删除幻灯片

新建幻灯片的方法主要有以下 2 种。

(1) 在"幻灯片"窗格中新建：在"幻灯片"窗格中的空白区域或是已有的幻灯片上右击，在弹出的快捷菜单中选择"新建幻灯片"命令。

(2) 通过"幻灯片"选项组新建：在普通视图或幻灯片浏览视图中选择一张幻灯片，在"开始"选项卡的"幻灯片"选项组中单击"新建幻灯片"按钮下方的下拉按钮，在打开的下拉列表中选择一种幻灯片版式即可。

如果对新建的幻灯片版式不满意，可进行更改。其方法为：在"开始"选项卡的"幻灯片"选项组中单击"版式"按钮右侧的下拉按钮，在打开的下拉列表中选择一种幻灯片版式，即可将其应用于当前幻灯片。

若想复制幻灯片，可选中要复制的幻灯片，右击，在快捷菜单中选择"复制幻灯片"命令，或者按<Ctrl + C>快捷键；若想删除幻灯片，则可选择"删除幻灯片"命令或按<Delete>键，如图 5.5 所示。

图 5.5　复制／删除幻灯片

4. 移动幻灯片

移动幻灯片主要有以下 3 种方法。

(1) 通过拖动鼠标：选择需移动的幻灯片，按住鼠标左键不放拖动到目标位置后释放鼠标完成移动操作；选择幻灯片，按住<Ctrl>键并拖动到目标位置，完成幻灯片的复制操作。

(2) 通过快捷菜单：选择需移动或复制的幻灯片，在其上右击，在弹出的快捷菜单中选择"剪切"或"复制"命令。定位到目标位置，右击，在弹出的快捷菜单中选择"粘贴"命令，完成幻灯片的移动或复制。

(3) 通过快捷键：选择需移动或复制的幻灯片，按<Ctrl + X>组合键(移动)或<Ctrl + C>组合键(复制)，然后在目标位置按<Ctrl + V>组合键进行粘贴，完成移动或复制操作。

5. 退出 PowerPoint 2016

退出主要有以下 3 种方法。

(1) 通过单击按钮关闭：单击 PowerPoint 2016 操作界面标题栏右上角的"关闭"按钮，关闭演示文稿并退出 PowerPoint 程序。

(2) 通过快捷菜单关闭：在 PowerPoint 2016 操作界面标题栏上右击，在弹出的快捷菜单中选择"关闭"命令。

(3) 通过快捷键关闭：按<Alt + F4>组合键。

项目 2　美化演示文稿——制作职业生涯规划幻灯片

本项目以制作职业生涯规划幻灯片为例，介绍幻灯片的基本操作方法。项目实现后的效果如图 5.6 所示。

图 5.6　职业生涯规划幻灯片样文

任务 1　编辑幻灯片内容

1. 输入标题文字

(1) 打开"职业生涯规划素材.pptx"文件，选中"幻灯片 1"，单击标题占位符，在其中输入文字"李晓莉职业生涯规划"，并设置其字体为"微软雅黑"，字号分别为"72 号"和"54 号"，调整字体颜色为"淡红色"，如图 5.7 所示。

图 5.7　输入主标题

(2) 单击副标题占位符，在其中输入文字"CAREER PLAN"，调整其字体为"Calibri(正文)"，字号为"48 号"，颜色为"灰色"，排列好主标题与副标题的位置，如图 5.8 所示。

图 5.8　标题页面文字效果

2. 设计"目录"幻灯片

(1) 选中"幻灯片 1"，按<Enter>键，插入一个新的幻灯片，删除其中的占位符。单击"插入"选项卡中的"图片"按钮，在弹出的对话框中选择图片文件"装饰.png"，单击"打开"按钮，如图 5.9 所示，即可将图片插入幻灯片中。

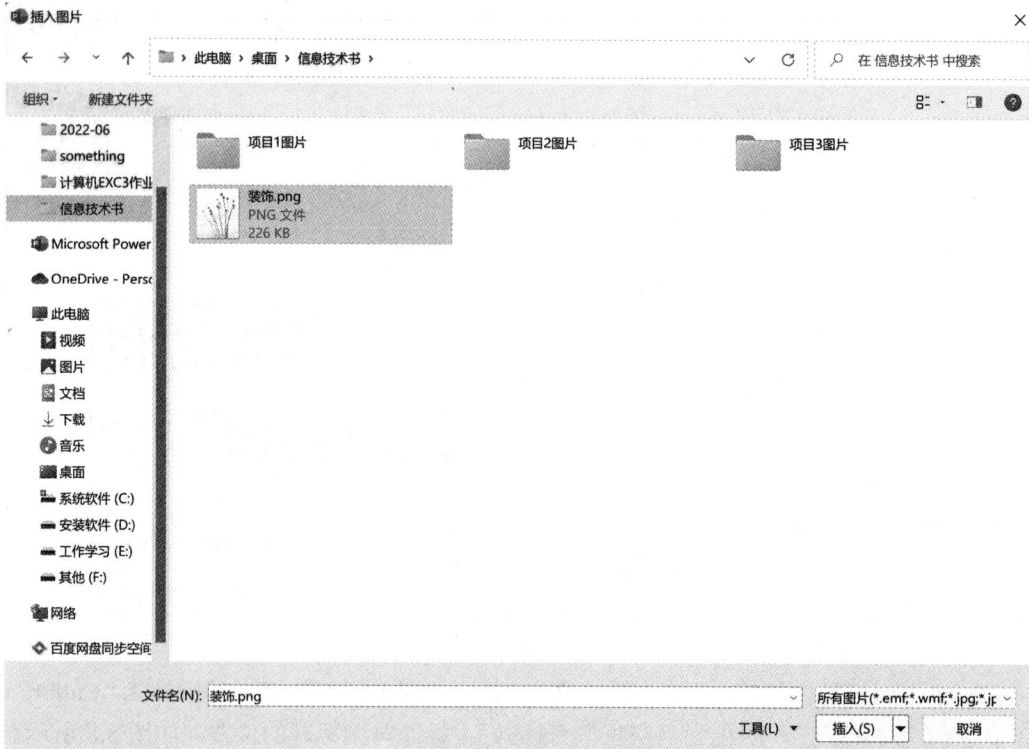

图 5.9　插入图片

(2) 选中插入的图片，将其调整至左下角位置，并旋转图片，效果如图 5.10 所示。

图 5.10　调整图片效果

(3) 单击"插入"选项卡中的"形状"按钮，在弹出的菜单中选择"椭圆"选项，按住<Shift>键在幻灯片中绘制一个正圆。选中正圆，在"格式"选项卡中设置圆形的填充颜色为"淡绿色"，无轮廓，同时在圆形上右击，在弹出的快捷菜单中选择"编辑文字"命令，输入文字"目"，调整文字字体为"微软雅黑，72 号，加粗"，效果如图 5.11 所示。

图 5.11　"目"字效果及位置

注意：如果输入的文字在形状中不能居中显示，则可在形状上右击，在快捷菜单中选择"设置形状格式"命令，打开"设置形状格式"对话框，在选项卡的"文本框"中将"内部边距"的"上、下、左、右"设置值均调整为 0 即可。

(4) 用与上一步同样的方法制作"录"字效果，区别在于形状填充颜色设置为"淡橙色"，字号改为"44 号"，效果如图 5.12 所示。

图 5.12　"录"字效果及位置

(5) 单击"插入"选项卡下的"文本框"按钮，在弹出的菜单中选择"垂直文本框"选项，在幻灯片中绘制一个垂直文本框，并输入文字"CONTENTS"，设置字体为"华文细黑，36 号"，调整文本框的位置位于"目"字正下方，如图 5.13 所示。

图 5.13　"CONTENTS"文字效果及位置

(6) 用与"目"字同样的方法制作"01"序号，并在序号右侧插入横排文本框，输入文字"职业目标"，字体与字号均可按自己喜欢的样式设置，如图 5.14 所示。

图 5.14   "职业目标"文字效果

(7) 同时选中"01"序号和"职业目标"文字，按<Ctrl + G>键或右键快捷菜单中的"组合"命令将其组合在一起。然后按住<Ctrl>键拖动该组合对象，复制出 4 个，并分别更改其文字内容为"职业兴趣与能力""实践经验""自我认知""生涯路径"，调整其位置与颜色，效果如图 5.15 所示。

图 5.15   "目录"页最终效果

注意：对齐所有对象时，可将所有对象选中，选中时注意选择的先后顺序，然后单击"格式"选项卡中的"对齐对象"按钮，可将所有对象排列整齐。

3. 编辑"职业目标"幻灯片

(1) 选中"幻灯片 4"，打开"职业目标"幻灯片页面。单击"插入"选项卡中的"图片"按钮，选择其中的"装饰.png"，单击图片将图片放置在页面右下角，如图 5.16 所示。

图 5.16 插入图片

(2) 选中该幻灯片页面，右击，在快捷菜单中选择"复制"命令，复制幻灯片，如图 5.17 所示。

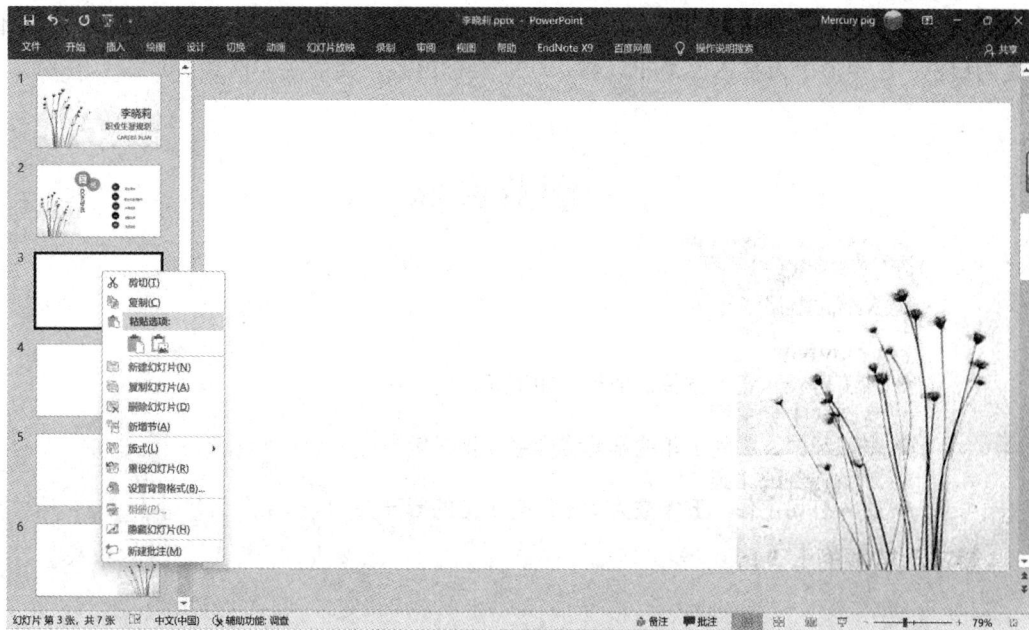

图 5.17 复制幻灯片

(3) 单击"插入"选项卡中的"形状"按钮，选择其中的"直线"，在页面中按住 〈Shift〉键绘制一条直线，填充颜色为"红色"，并调整其位置，在直线下方添加文本框，输入文字"CAREER INTERESTS"，设置字体为"Times New Roman"，字体大小为 18 号，在"CAREER INTERESTS"下方添加文本框，输入文字"职业目标"，设置字体为"等线(正文)"，字体颜色设置为红色，字体大小为 48 号，如图 5.18 所示。

图 5.18　添加形状和文字

(4) 单击"插入"选项卡中的"形状"按钮，选择其中的"矩形：圆角"，在页面中按住<Shift>键绘制一个圆角矩形，填充颜色为"绿色"，并调整其位置，在矩形中插入文本框，输入文字"我想达成的目标"，设置字体为"等线(正文)"，字体大小为 32 号，字体颜色为白色；在矩形下方插入文本框，输入职业目标内容，设置字体格式，如图 5.19 所示。

图 5-19　"职业目标"页面效果

4. 编辑"职业兴趣"幻灯片

(1) 选中"幻灯片 4"，打开"职业兴趣"幻灯片页面。单击"插入"选项卡中的"形状"按钮，选择其中的"矩形"选项，在页面中绘制一个浅灰色矩形，取消轮廓线，如图 5.20 所示。

图 5.20　绘制浅灰色矩形

(2) 将刚绘制的浅灰色矩形复制，将其长度调整为浅灰色矩形的一半，并调整填充颜色为"深红色"，左侧与浅灰色矩形对齐，放置在浅灰色矩形上方，并添加"社会型职业"文字，设置字体为"微软雅黑，20 号，白色"，如图 5.21 所示。

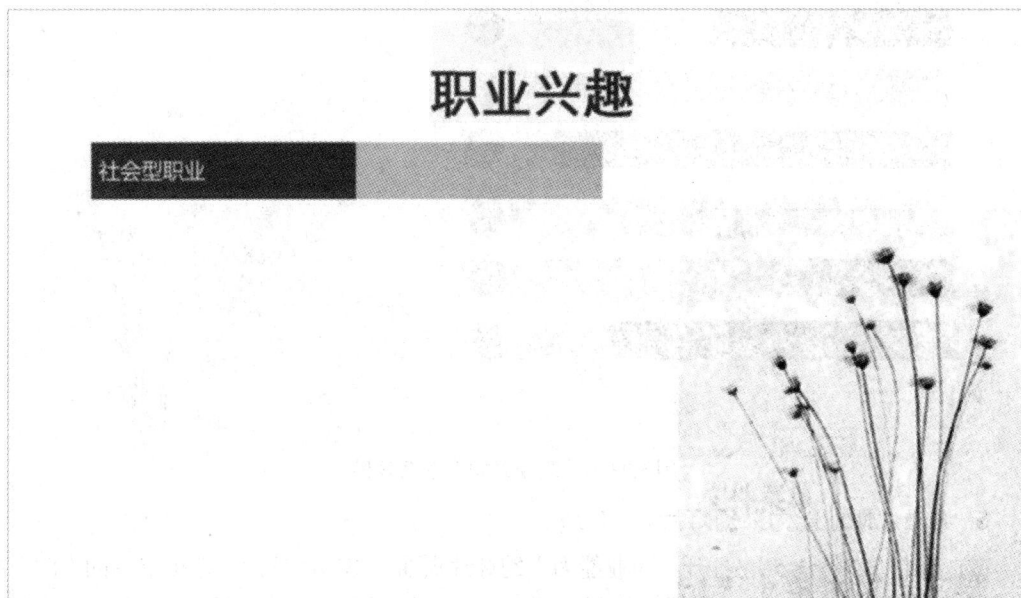

图 5.21　添加"社会型职业"文字

(3) 单击"插入"选项卡中的"形状"按钮，选择其中的"椭圆"选项，在页面中按住<Shift>键绘制一个正圆，设置其填充颜色为"褐色"，轮廓线为"白色"，粗细为"4.5磅"，在其中添加白色文字"50%"，并调整其位置，如图5.22所示。

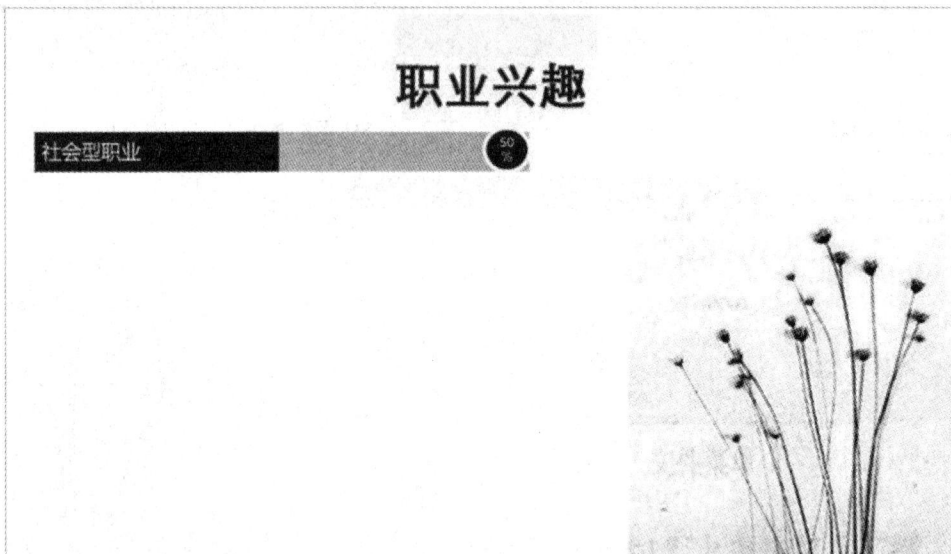

图 5.22　添加文字"50%"

(4) 用同样的方法制作其他"职业兴趣"内容，颜色可任意调整，最后将所有内容排列整齐即可，效果如图5.23所示。

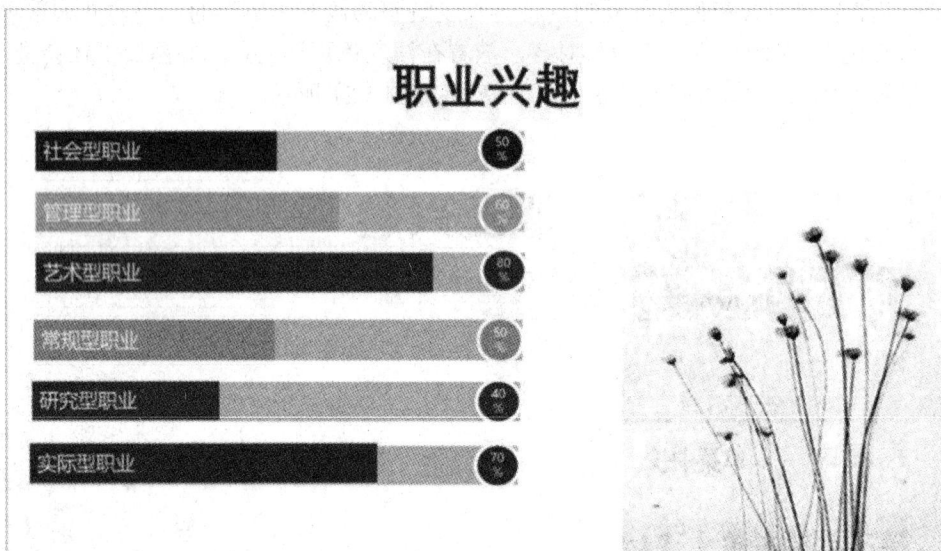

图 5.23　"职业兴趣"页面效果

5. 编辑"职业能力"幻灯片

(1) 选中"幻灯片5"，打开"职业能力"幻灯片页面。单击"插入"选项卡中的"图"按钮，在弹出的"插入图表"对话框中选择"簇状柱形图"，单击"确定"按钮，如图5.24所示。

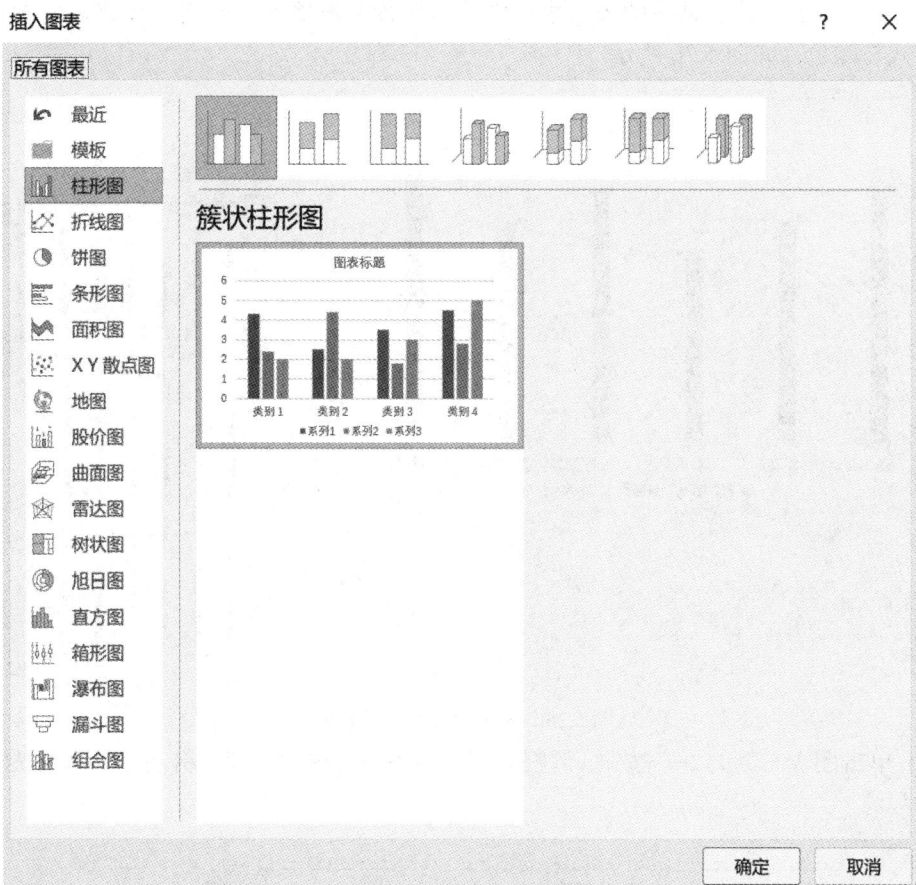

图 5.24　插入图表

(2) 在弹出的图表数据窗口中输入如图 5.25 所示的内容,关闭窗口后,就会发现图表已经出现在幻灯片页面中。

图 5-25　图表数据

(3) 选中图表，适当调整图表大小，然后单击图表右侧的"样式"按钮，分别设置图表的样式与颜色，如图 5.26 所示。

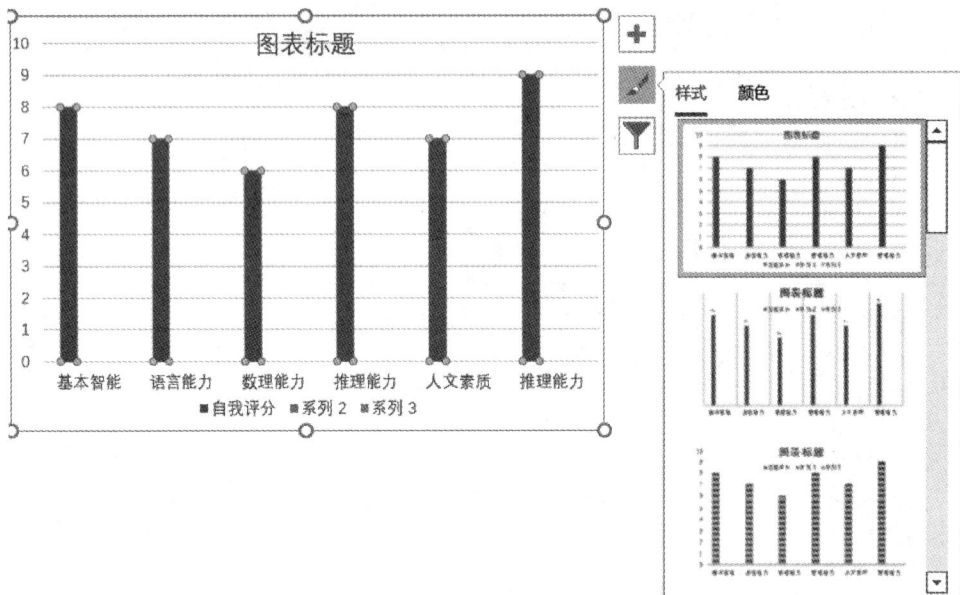

图 5.26   图表样式与颜色设置

(4) 单击图表右侧的"+"按钮，调整如图 5.27 所示的图表元素，并更改图表标题为"职业能力"。

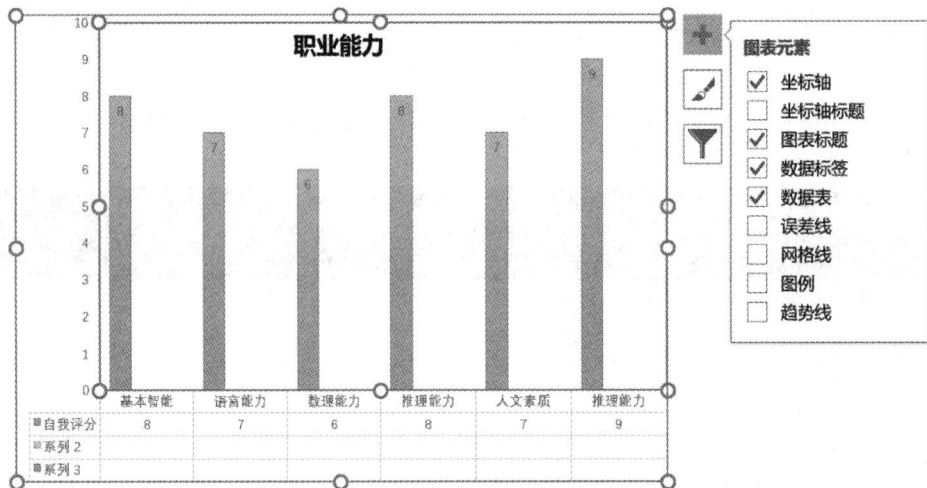

图 5.27   "职业能力"图表

6. 编辑"实践经验"幻灯片

(1) 选中"幻灯片 6"，打开"实践经验"幻灯片页面。单击"插入"选项卡中的"SmartArt"按钮，在弹出的"选择 SmartArt 图形"对话框中选择"流程"中的"重点流程"，如图 5.28 所示，单击"确定"按钮，插入 SmartArt 流程图。

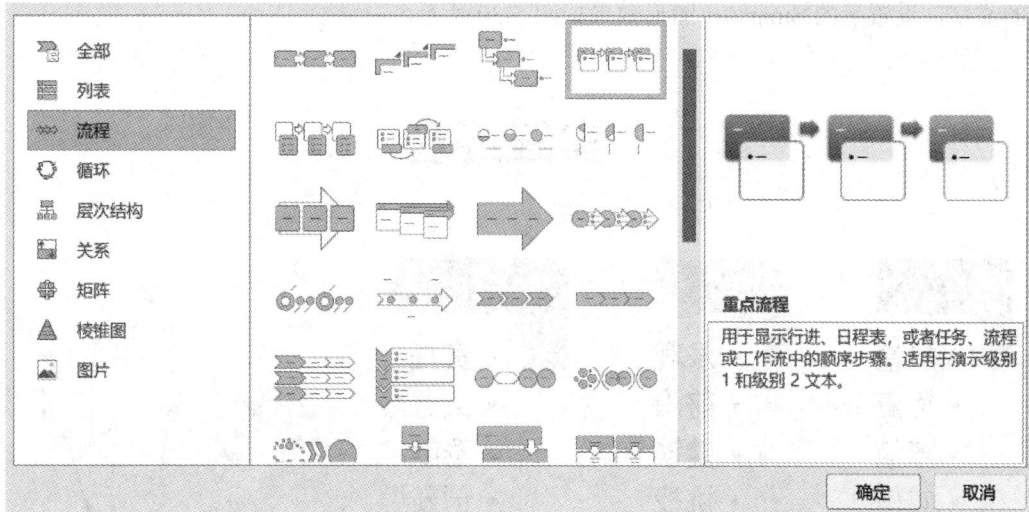

图 5.28　插入 SmartArt 流程图

　　单击选中插入的 SmartArt 图形，在"设计"选项卡中单击"颜色"按钮，在下拉菜单中选择"颜色"，如图 5.29 所示，设置插入的 SmartArt 图形的颜色。

图 5.29　设置插入的 SmartArt 图形的颜色

(2) 单击选中插入的 SmartArt 图形，在图形左侧弹出的对话框中输入如图 5.26 左侧所示的文字，设置后的 SmartArt 图形效果如图 5-30 所示。

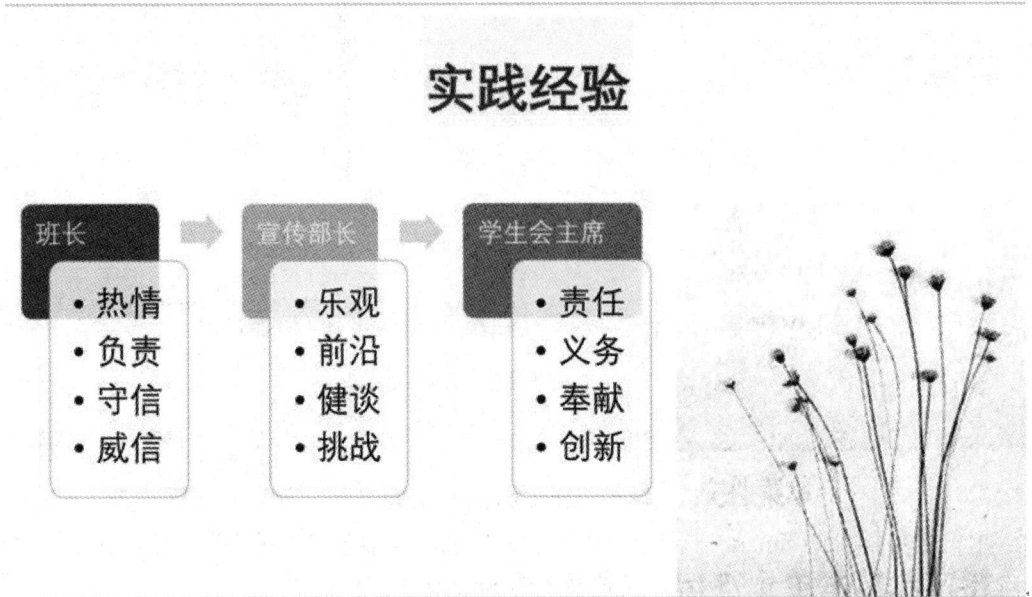

图 5.30　SmartArt 图形内容及完成后的效果

7. 编辑"生涯路径"幻灯片

(1) 选中"幻灯片 7"，打开"生涯路径"幻灯片页面。单击"插入"选项卡中的"SmartArt"按钮，在弹出的"选择 SmartArt 图形"对话框中选择"列表"中的"垂直曲形列表"，如图 5.31 所示，单击"确定"按钮，插入 SmartArt 列表图。

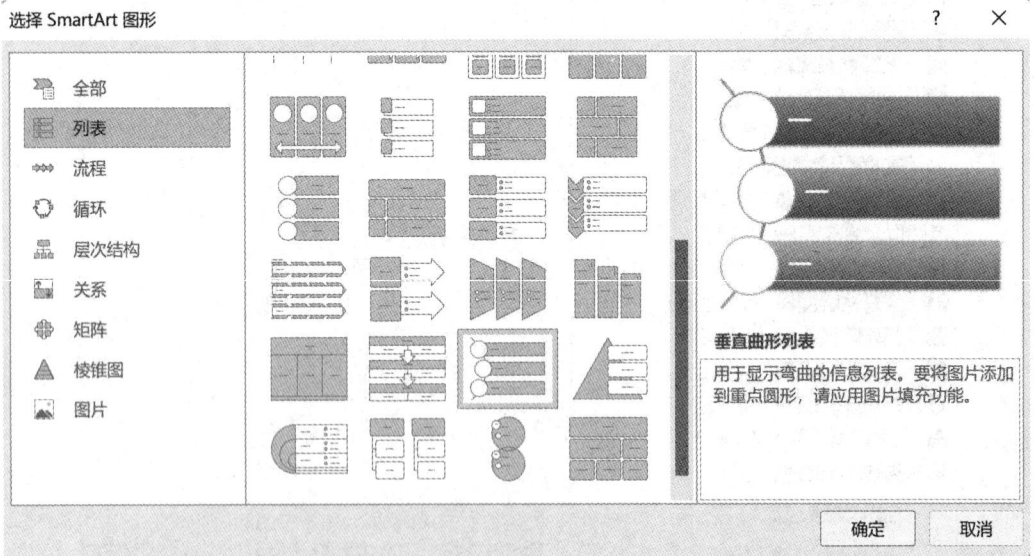

图 5.31　插入 SmartArt 列表图

(2) 用与"幻灯片 6"相同的制作方法完成"生涯路径"幻灯片内容和颜色的设计，同时，利用"插入形状"为列表图添加序号，完成后的最终效果如图 5.32 所示。

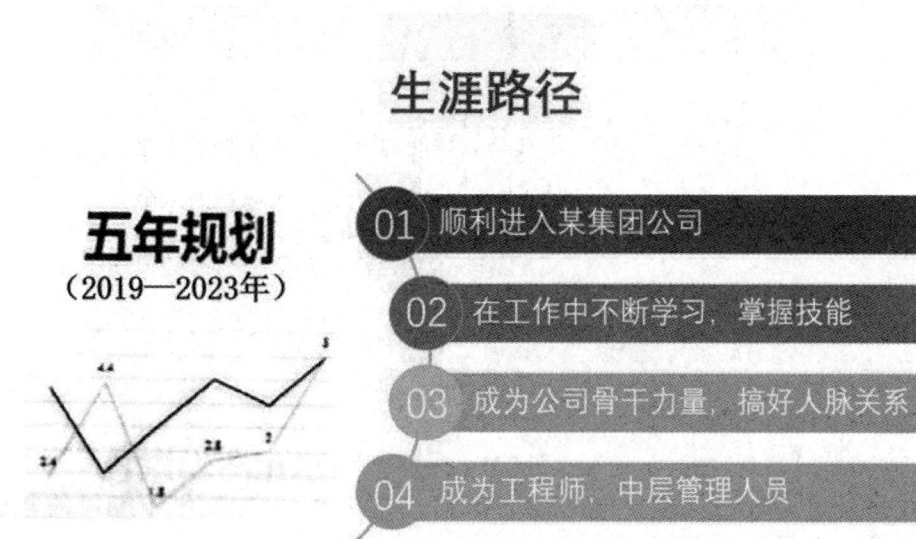

图 5.32　"生涯路径"幻灯片效果

8. 编辑"自我认知"幻灯片

(1) 选中"幻灯片 8"，打开"自我认知"幻灯片页面。单击"插入"选项卡中的"表格"按钮，插入 7 行 3 列的表格，如图 5.33 所示。

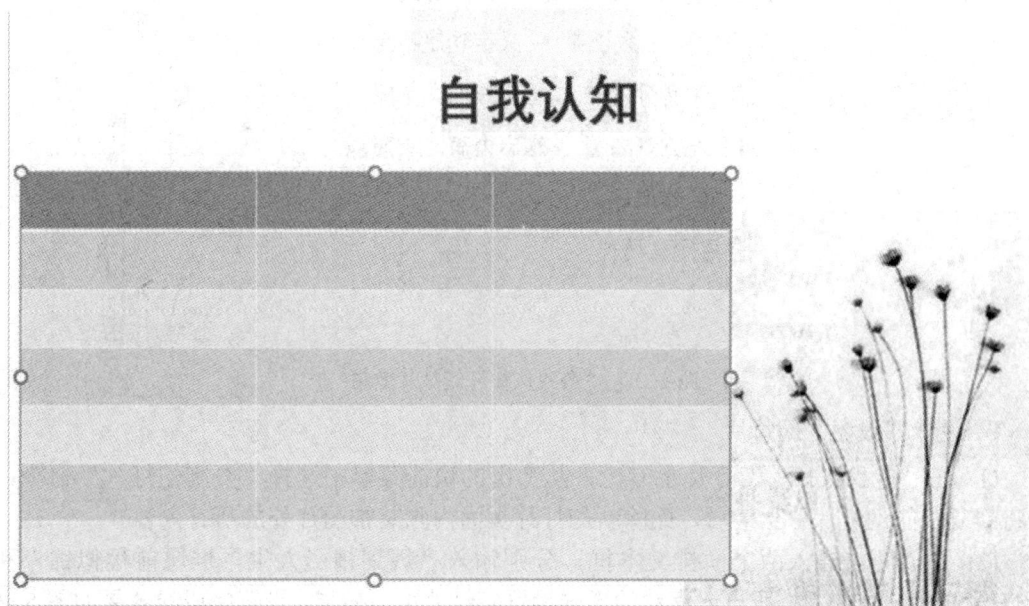

图 5.33　插入表格

(2) 选中插入的表格，单击"设计"选项卡中的"表格样式"列表，在其中选择"中度样式 2-强调 4"，输入文字并调整表格的大小及位置，如图 5.34 所示。

序号	能力优势	能力劣势
1	善于与他人沟通	写作能力弱
2	工作与管理能力强	文字功底不足
3	有吃苦耐劳精神	工作耐力不够
4	对工作充满热情	意志力有时较薄弱
5	心理素质好	--
6	注重团队精神	--

图 5.34 表格样式

(3) 用鼠标拖曳的方法将"自我认知"幻灯片调整到"生涯路径"幻灯片的上方，"自我认知"幻灯片最终效果如图 5.35 所示。

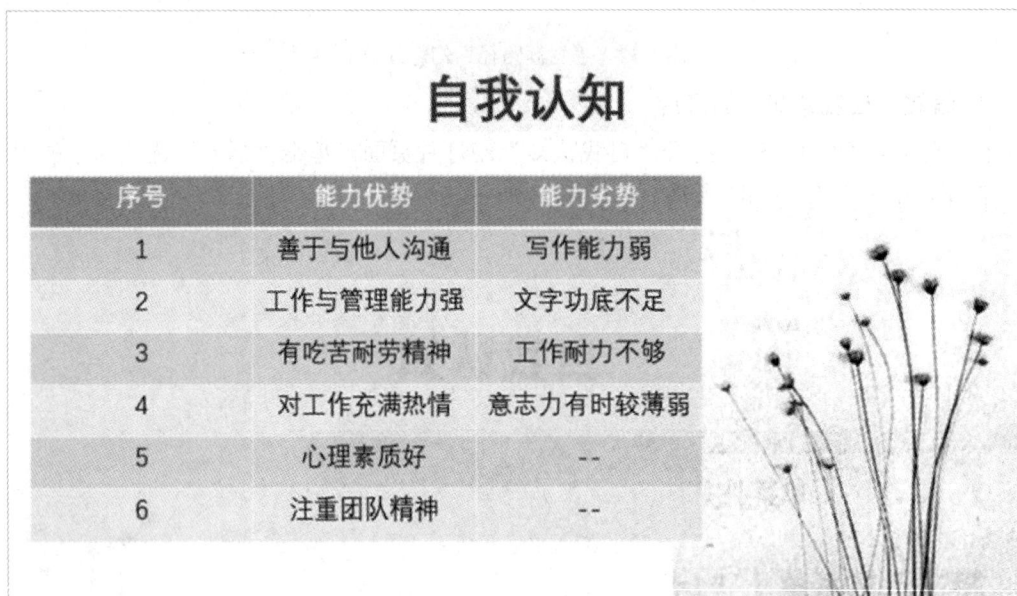

图 5.35 "自我认知"幻灯片效果

9. 设计"致谢"幻灯片

(1) 在"自我认知"幻灯片上右击，从弹出的快捷菜单中选择"复制幻灯片"命令，并将新复制的幻灯片移至最后，删除新幻灯片页面内除装饰图片外的所有内容。

(2) 在页面内插入两个横排文本框，分别输入"规划精彩人生，惟愿前程似锦"和"THANKS!!"文字，按照自己喜欢的样式设置幻灯片页面效果，设置完成的效果如图 5.36 所示。

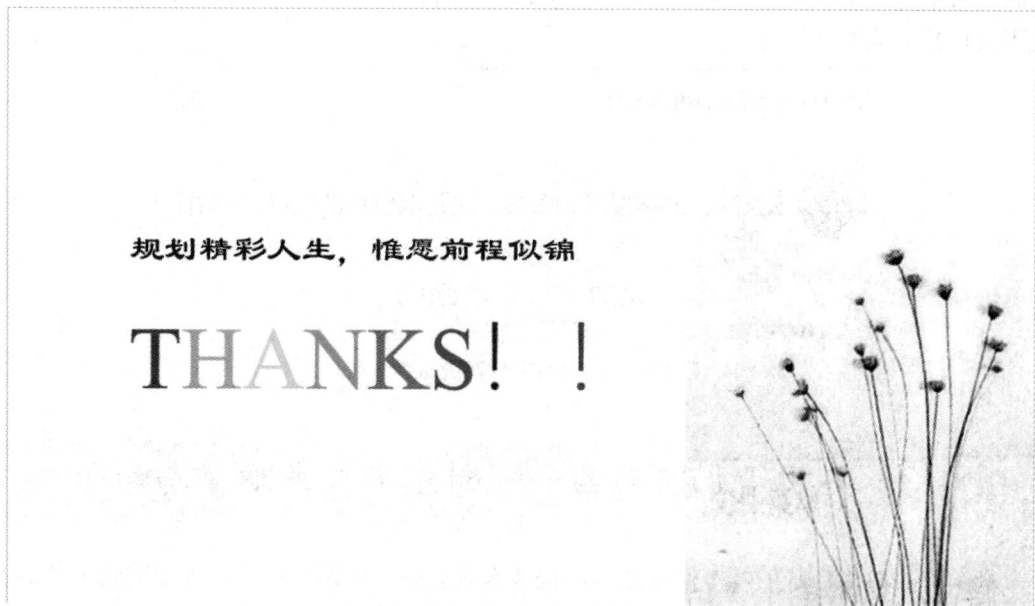

图 5.36　"致谢"幻灯片效果

任务 2　放 映 幻 灯 片

1. 从头开始放映

单击"幻灯片放映"选项卡中的"从头开始"按钮，或按<F5>快捷键，即可从第 1 张幻灯片开始放映。

2. 从当前幻灯片开始放映

(1) 单击"幻灯片放映"选项卡中的"从当前幻灯片开始"按钮，或按<Shift + F5>快捷键，即可从选中的当前幻灯片开始放映。

(2) 从当前幻灯片开始放映，也可以单击状态栏中的"幻灯片放映"按钮

3. 使用"排练计时"放映

(1) 单击"幻灯片放映"选项卡中的"排练计时"按钮，在放映页面的左上角会出现如图 5.37 所示的时间显示对话框，可以提醒演讲者共使用了多长时间。

图 5.37　排练计时

(2) 与正常放映不同的是，当按<Esc>键结束放映时，会弹出如图 5.38 所示的对话框，

此时，若单击"是"按钮，则下次幻灯片会以刚保存的计时方式进行放映，所以，一般情况下我们都会选择"否"。

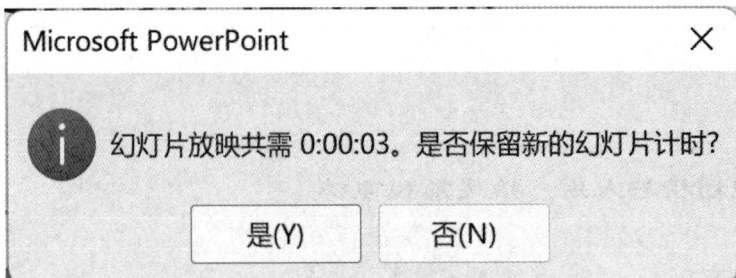

图 5.38　是否保存"排练计时"时间

项目 3　应用母版与动画——制作个人求职简历幻灯片

在初次接触幻灯片的基本操作之后，很多人都会有一些疑问：幻灯片中美轮美奂的背景图片是如何设计出来的？在制作的时候是否有更简单的方法进行操作？幻灯片中元素的动画效果又是如何实现的？本项目我们就以个人求职简历幻灯片的制作过程为例来回答以上问题。个人求职简历幻灯片样文如图 5.39 所示。

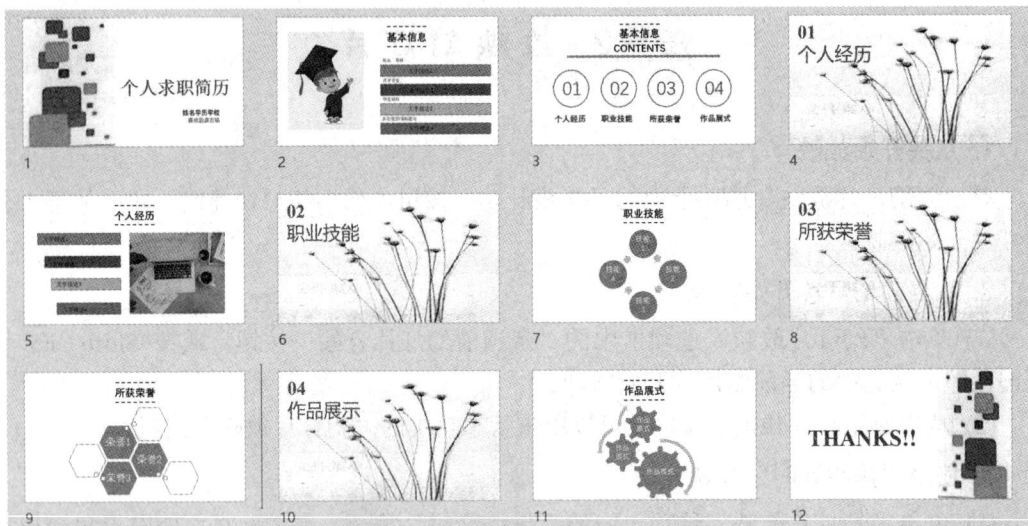

图 5.39　个人求职简历幻灯片样文

任务 1　设计幻灯片背景

1. 利用"设计"选项卡中的自带背景进行设计

(1) 新建空白演示文稿，并新建两个空白幻灯片页面，然后将其保存。

(2) 单击"设计"选项卡中"主题"区域内的任意一款背景，幻灯片的标题页面、内容页面背景就会以选定的设计效果呈现，如图 5.40 所示。

图 5.40　自带背景的设计效果

2. 利用幻灯片母版设计背景

幻灯片母版用于设置幻灯片的样式，可供用户设定各种标题文字、背景、属性等，只需更改一项内容就可更改所有幻灯片的设计。

(1) 打开"个人简历素材"文件，单击"视图"选项卡中的"幻灯片母版"按钮，打开"幻灯片母版"编辑界面，如图 5.41 所示。

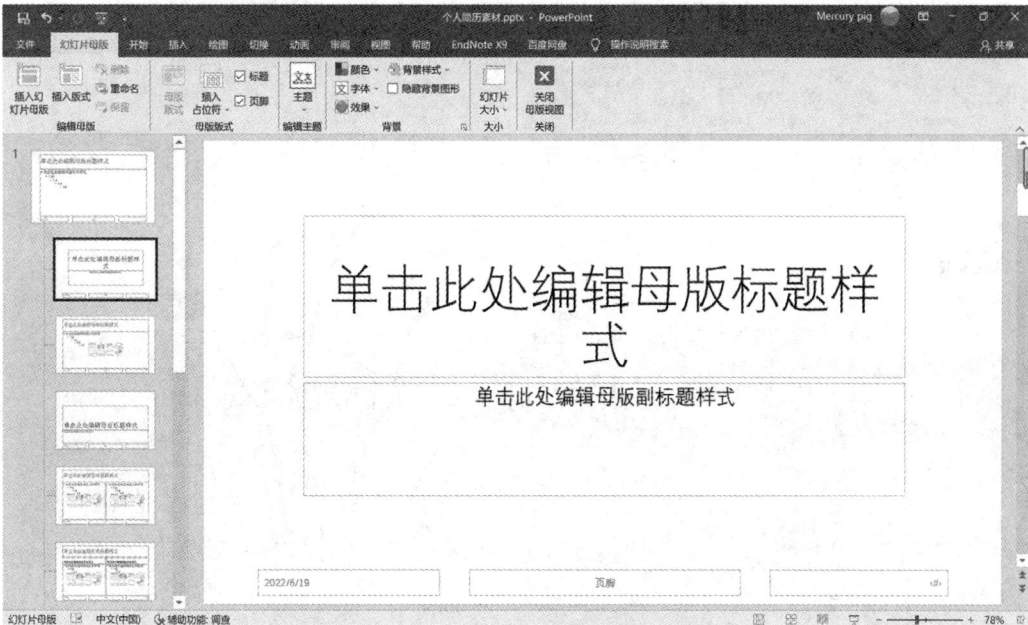

图 5.41　"幻灯片母版"编辑界面

(2) 选中"标题幻灯片版式"，单击"插入"选项卡中的"图片"按钮，插入"封面"

背景素材，调整图片的大小，使其覆盖整个幻灯片页面，然后在图片上右击，选择"置于底层"命令，将图片置于占位符的下方，如图 5.42 所示。

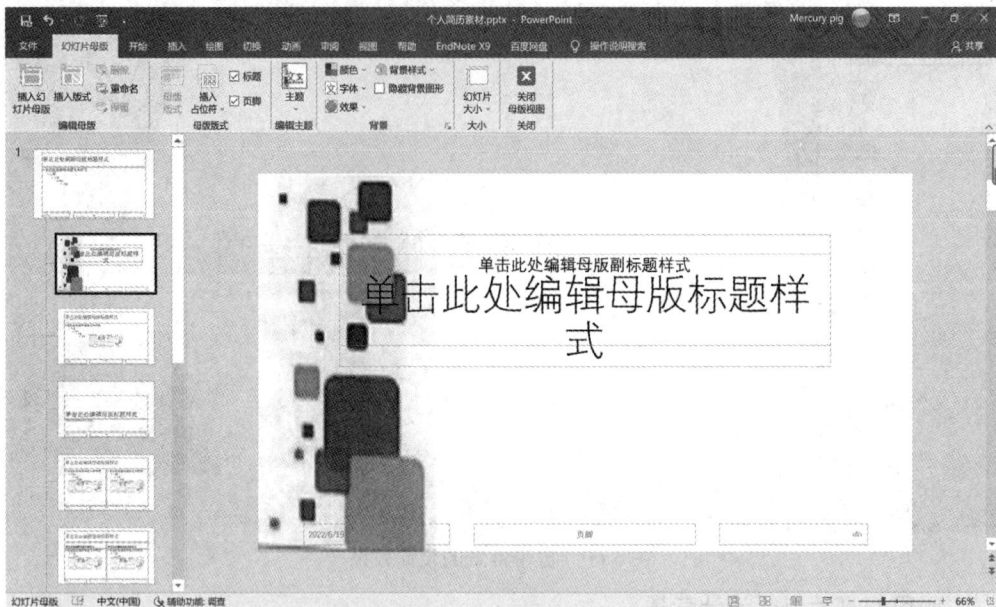

图 5.42　制作封面母版

（3）选中"节标题版式"，单击"插入"选项卡中的"图片"按钮，插入"标题"背景素材，调整图片的大小，使其覆盖整个幻灯片页面，然后在图片上右击，选择"置于底层"命令，将图片置于占位符的下方，如图 5.43 所示。

图 5.43　制作节标题母版

（4）选中"封底版式"，删除所有占位符，单击"插入"选项卡中的"图片"按钮，插入"封面"背景素材，调整图片的大小，使其覆盖整个幻灯片页面。选中图片，单击"格式"选项卡下的"旋转对象"按钮,在下拉菜单中选择"水平翻转"选项,效果如图 5.44 所示。

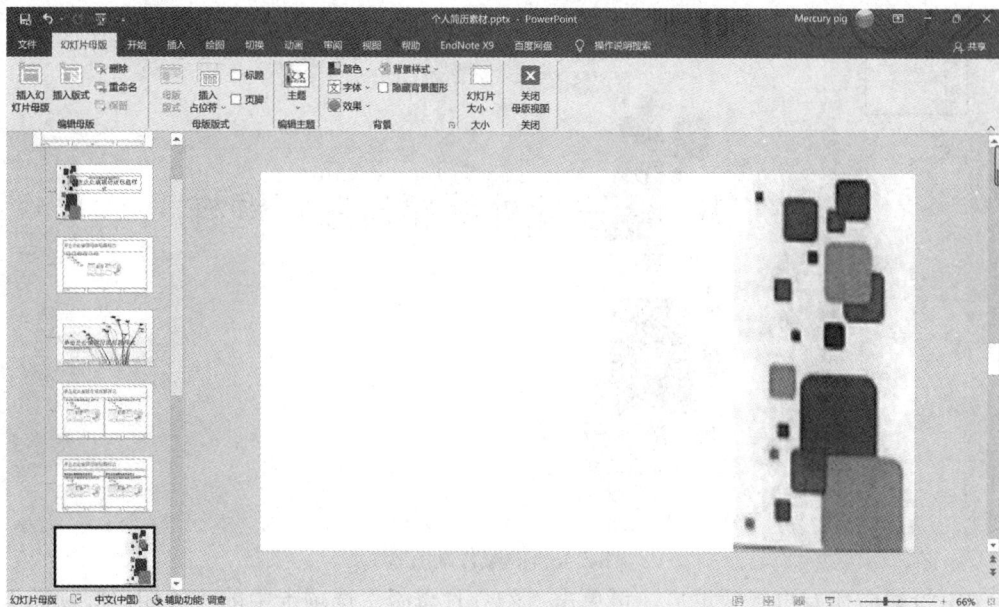

图 5.44　制作封底版式

(5) 选中"Office 主题幻灯片母版",单击"插入"选项卡中的"图片"按钮,插入所有内容页的背景图片,调整图片的大小,使其覆盖整个幻灯片页面,效果如图 5.45 所示。

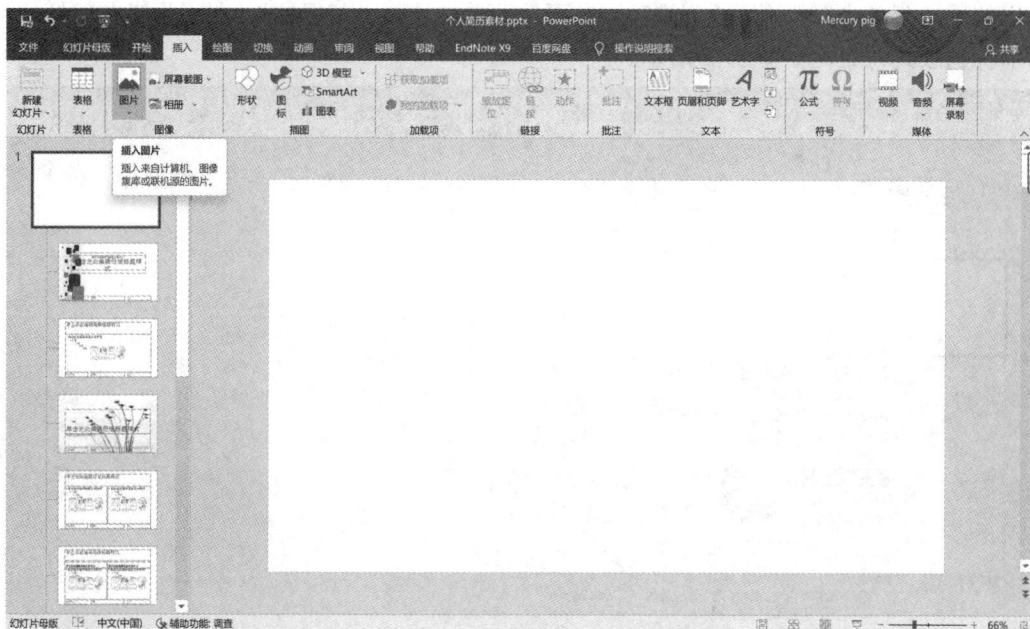

图 5.45　制作内容页背景

(6) 若插入内容页背景后,封面、封底、节标题背景不可见,则可单击"幻灯片母版"下方的"隐藏背景图形"选项,如图 5.46 所示。

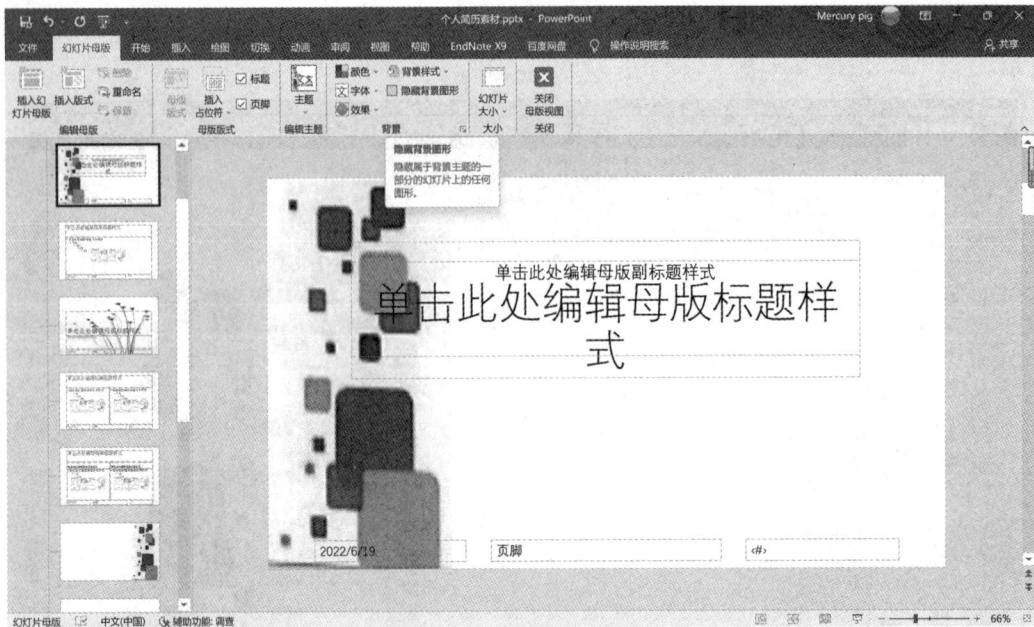

图 5.46　隐藏背景图形

(7) 设置完所有母版效果后，可单击"幻灯片母版"选项卡中的"关闭母版视图"按钮，退出母版编辑状态。

3. 应用幻灯片版式

(1) 选择"幻灯片 4"，打开"个人经历"节标题幻灯片页面。在该幻灯片上右击，在弹出的快捷菜单中选择"版式"选项，在下拉菜单中选择"节标题"，即可为当前幻灯片应用节标题版式背景，如图 5.47 所示。

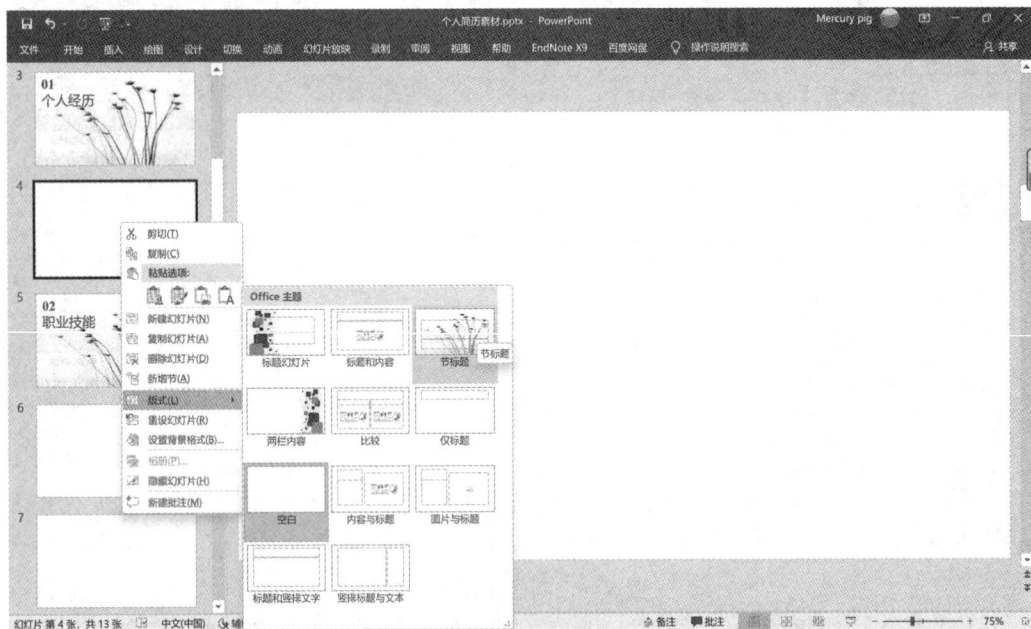

图 5.47　应用节标题版式

(2) 同理,为"职业技能""所获荣誉""作品展示"3 个节标题应用节标题版式背景,为"致谢"页面应用封底版式背景。

任务 2   设置页面切换效果

1. 设置换片效果

(1) 选择"幻灯片 1",也就是标题幻灯片,单击"切换"选项卡,在"切换到此幻灯片"处展开切换列表,从其中选择任意一个换片效果。如本项目中选择的是"动态内容"中的"旋转"效果,如图 5.48 所示。

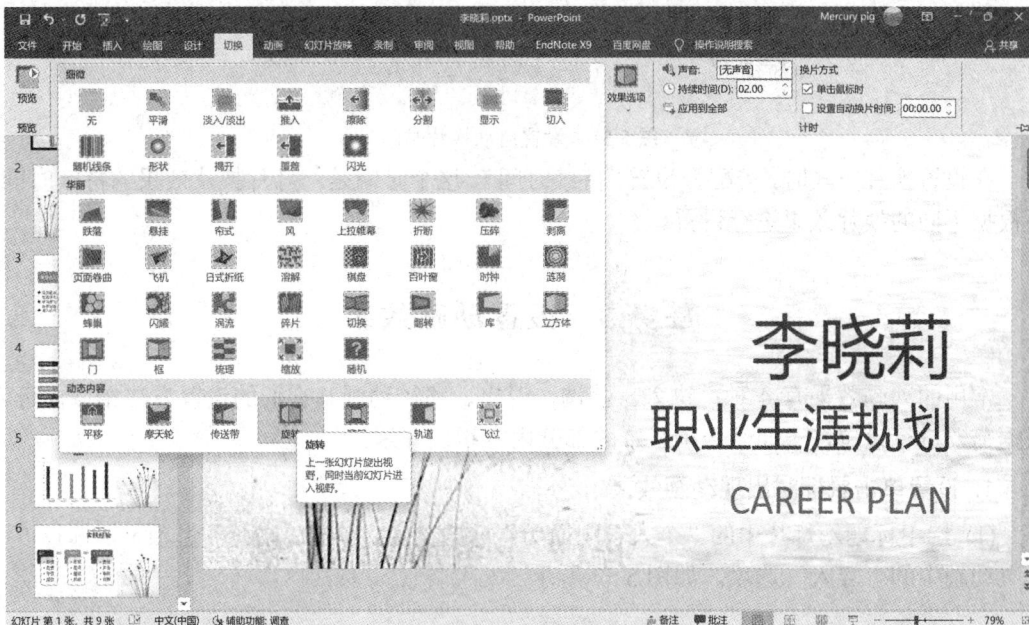

图 5.48   设置换片效果

(2) 播放幻灯片,可以看到,只有"幻灯片 1"应用了旋转换片效果,其余幻灯片则没有变化。若想为全部幻灯片设置换片效果,可以依次为每页幻灯片设置不同的换片效果。也可以在选择一个换片方式后,单击"切换"选项卡中的"全部应用"按钮,如图 5.49 所示,为所有幻灯片设置同一种换片效果。

图 5.49   设置统一换片效果

2. 设置换片方式

换片方式有以下 2 种。

一种为单击鼠标时换片,即选择所有要设置鼠标单击换片方式的幻灯片,在"切换"选项卡的"换片方式"处勾选"单击鼠标时"复选框,如图 5.50 所示,即可实现单击鼠标换片的方式。这种方式可以保证在放映幻灯片时,换片时间是可随着语速自行控制的。

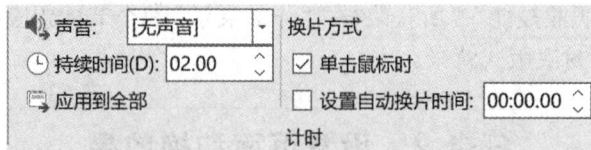

图 5.50　设置换片方式

另一种为到时间后自动换片，如图 5.51 所示，勾选"设置自动换片时间"复选框，同时调整后面的换片时间。此种方式不用单击鼠标，幻灯片播放到了设定的时间时会自动切换。

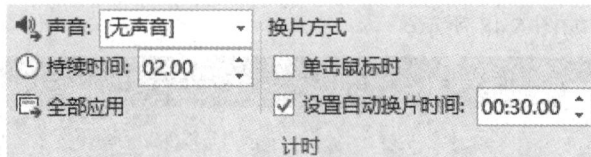

图 5.51　设置自动换片时间

在设置换片方式时，可配合设置"持续时间"，这个时间是幻灯片换片效果的持续时间，要根据不同的换片效果进行设置。

任务3　设置动画效果

常用的动画效果有 4 种：进入、强调、退出、路径动画。它们的设置方法相似，可以根据需要进行设置，下面结合项目中的部分内容举例介绍。

1. 设置单击鼠标时出现动画效果

(1) 选中标题幻灯片中的"个人求职简历"标题文字，单击"动画"选项卡，选择"进入"动画中的"浮入"选项，如图 5.52 所示。

图 5.52　设置浮入动画效果

(2) 单击"动画"选项卡中的"动画窗格"选项，打开动画窗格，即可看到刚设置的动画效果在动画窗格中已经显示出来，如图 5.53 所示。此时，如果放映幻灯片，则会发现标题文字只有在单击鼠标时才会出现。

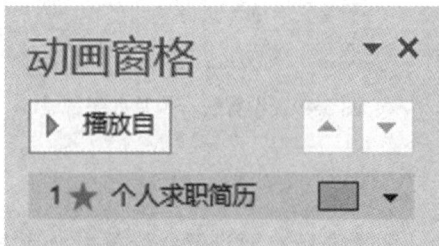

图 5.53　动画窗格

(3) 选择"Personal resume competition"和"展示个人能力，秀出真实的自我"文字，

为其添加"浮入"动画效果，在动画窗格中调整两个动画的出现方式为"从上一项之后开始"，如图 5.54 所示。

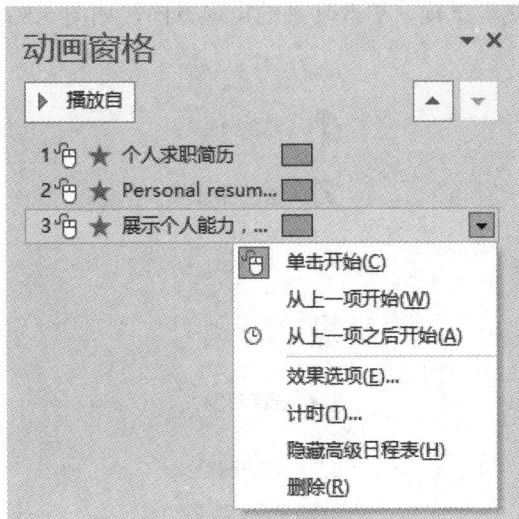

图 5.54　调整动画出现方式

2. 调整更多动画及效果

(1) 单击"个人经历"幻灯片页面，选中给出的 4 个公司名称，单击"动画"选项卡动画区域下的"更多进入效果"选项，弹出"更改进入效果"对话框，从中选择"切入"动画效果，如图 5.55 所示。单击"确定"按钮，即可为选中的内容添加切入动画。

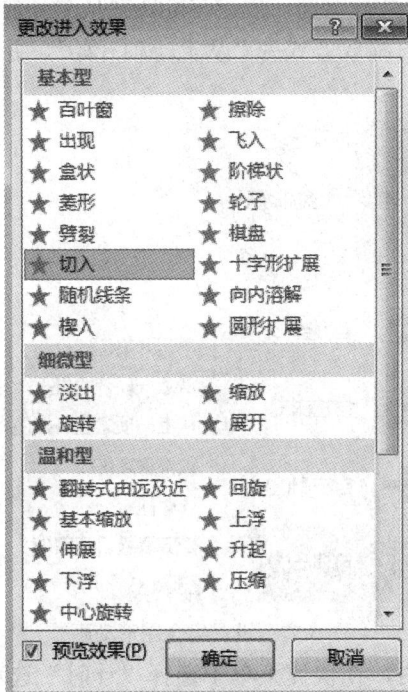

图 5.55　添加"切入"动画效果

(2) 在动画窗格中，调整所有动画的出现方式为"从上一项之后开始"，此时播放幻灯片，会发现动画的效果与我们想要的效果并不一致。可以单击动画选项区的"效果选项"下拉列表，选择"自右侧"选项，更改动画的出现方向，如图 5.56 所示。

图 5.56   更改动画的出现方向

3. 调整动画时间

(1) 单击"所获荣誉"幻灯片页面，按住<Shift>键从左到右依次选择 5 个组合图形，为它们统一设置"擦除"动画，播放方式为"从上一项开始"，并调整效果选项为"自顶部"，如图 5.57 所示。

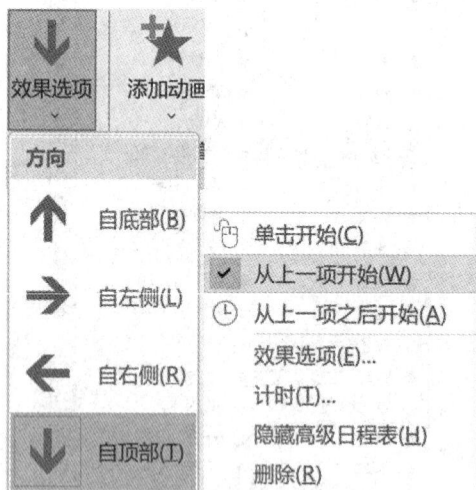

图 5.57   设置组合图形动画

(2) 在第一个动画上右击，在快捷菜单中选择"计时"选项，在弹出的对话框中设置延迟时间为 0.75 秒，如图 5.58 所示。

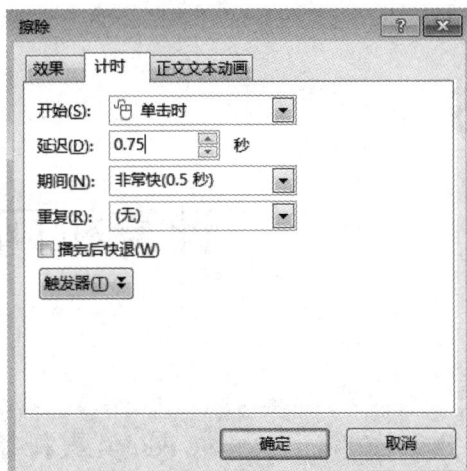

图 5.58　设置动画的延迟时间

(3) 用同样的方法为 4 个等腰三角形依次设置"淡出"动画，播放方式为"从上一项开始"，延迟时间分别为 2 秒、2.25 秒、2.50 秒、2.75 秒，如图 5.59 所示，这样，"所获荣誉"页面的动画就设置完成了。

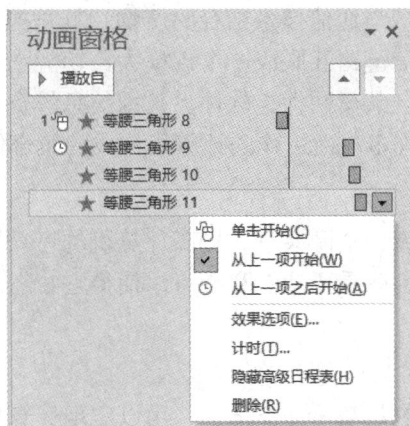

图 5.59　设置等腰三角形动画

由于动画的制作方法类似，可参照个人求职简历幻灯片样文中的动画效果，用前面介绍的方法尝试完成其他动画的制作。

4. 动画制作时应注意的问题

(1) 调整动画播放顺序。动画是按照动画窗格中的顺序从上至下依次播放的，若想调整顺序，直接将动画拖曳至合适位置即可。

(2) 删除动画。在动画窗格中选中一个动画，按<Delete>键，即可删除一个动画效果。

(3) 添加动画。当一个对象已经设置了一个动画效果，需要再次为其添加动画时，需要单击动画选项区的"添加动画"按钮，才能为已有的对象继续添加动画。

(4) 更改动画。若动画窗格中已设置的动画效果需要更改，则需单击动画窗格中要更改的对象名称，然后在动画选项区中为其设置新的动画。

模块 6

计算机网络基础知识

项目 1　了解计算机网络基础知识

任务 1　了解计算机网络的定义、功能和分类

1. 计算机网络的定义

计算机网络是计算机技术与通信技术结合的产物，就是把分布在不同地理区域的计算机、终端及其附属设备用通信链路互联成一个规模大、功能强的系统，从而使众多的计算机可以方便地互相传递信息，共享硬件、软件、数据信息等资源。简单来说，计算机网络就是由通信链路互相连接的许多自主工作的计算机构成的集合体。

2. 计算网络的功能

计算机网络具有信息交流、资源共享、提高计算机的可靠性和可用性以及分布式处理4 方面功能。计算机网络的这些重要功能和特点，使得它在经济、军事、生产管理和科学技术等领域发挥重要的作用。

1) 信息交流

信息交流是计算机网络的最基本功能之一，用以实现计算机与终端或计算机与计算机之间传送各种信息。

2) 资源共享

充分利用计算机系统硬件、软件资源是组建计算机网络的主要目标之一。

3) 提高计算机的可靠性和可用性

(1) 提高可靠性表现在计算机网络中的各计算机可以通过网络彼此互为后备机，一旦某台出现故障，故障机的任务就可由其他计算机代为处理，避免了单机无后备机情况下，某台计算机出现故障导致系统瘫痪的现象，大大提高了系统可靠性。

(2) 提高计算机可用性是指当网络中某台计算机负担过重时，网络可将新的任务转交给网络中较空闲的计算机完成，这样就能均衡各计算机的负载，提高了每台计算机的可用性。

4) 分布式处理

在计算机网络中，各用户可根据需要合理选择网内资源，以就近、快速地处理。对于

较大型的综合性问题，可通过一定的算法将任务分配给不同的计算机，达到均衡使用网络资源，实现分布式处理的目的。此外，利用网络技术，能将多台计算机连成具有高性能的计算机系统，对解决大型复杂问题，使用该计算机系统比用高性能的大、中型计算机的费用要低得多。

3. 计算机网络的分类

1) 按地理范围划分

当前获得普遍认可的计算机网络划分标准是按照地理范围进行划分。据此标准，可以把各种网络划分为局域网、城域网和广域网。

(1) 局域网(Local Area Network，LAN)通常是一个单位、企业的计算机之间为了互相通信，共享某些外部设备(如打印机等)而组建的、地理区域有限的计算机网络，其通信链路一般使用双绞线或同轴电缆。局域网的特点就是连接范围窄，用户数少，配置容易，连接速率高。IEEE 802 标准中定义的局域网包括以太网、令牌环网、光纤分布式接口网络、异步传输模式网以及无线局域网。

(2) 城域网(Metropolitan Area Network，MAN)的覆盖范围介于局域网和广域网之间，可覆盖一座城市，通常使用光纤或微波作为网络的主干通道。

(3) 广域网(Wide Area Network，WAN)覆盖的范围比城域网更广，一般用于将不同城市之间的局域网或者城域网实现互联，地理范围可从几百千米到几千千米，其通信传输装置一般由电信部门提供。

2) 按物理连接方式划分

计算机或设备通过传输介质在计算机网络中形成的物理连接方式称为网络拓扑结构。按拓扑结构划分，计算机网络有星形、树形、总线形、环形和网状形。

3) 按传输介质划分

网络传输介质是指在网络中传输信息的载体。根据传输介质的不同，计算机网络分为有线网和无线网两大类。其中，有线网采用双绞线、同轴电缆和光纤作为传输介质；无线网采用红外线、微波和光波作为传输载体。

任务 2　了解计算机网络的组成

计算机网络的组成部分包括网络硬件和网络软件两大部分。

1. 网络中的硬件

要形成一个能进行信号传输的网络，必须有硬件设备的支持。由于网络的类型不一样，使用的硬件设备可能有所差别，总体说来，网络中的硬件设备大概有传输介质、网卡、路由器和交换机等。

1) 传输介质

传输介质是连接网络中各节点的物理通路。目前，常用的网络传输介质有双绞线、同轴电缆、光缆与无线传输介质，分别介绍如下。

(1) 双绞线。双绞线由 2、4 或 8 根绝缘导线组成，两根为一线来作为一条通信链路。

为了减少各线对之间的电磁干扰，各线对以均匀对称的方式螺旋扭绞在一起。线对的绞合程度越高，抗干扰能力越强。

(2) 同轴电缆。同轴电缆由内导体、外屏蔽层、绝缘层及外部保护层组成。同轴电缆可连接的地理范围比双绞线更宽，抗干扰能力较强，使用与维护也方便，但价格比双绞线高。

(3) 光缆。一条光缆中包含多条光纤，每条光纤是由玻璃或塑料拉成的极细的能传导光波的细丝和外面包裹的多层保护材料构成的。光纤通过内部的全反射来传输经过编码的光信号。光缆因其数据传输速率高、抗干扰性强、误码率低及安全保密性好的特点，而被认为是一种最有前途的传输介质。光缆价格高于同轴电缆与双绞线。

(4) 无线传输介质。使用特定频率的电磁波作为传输介质，可以摆脱有线介质(双绞线、同轴电缆、光缆)的束缚，组成无线局域网。目前，计算机网络中常用的无线传输介质有无线电波、微波、红外线。

2) 网卡

网卡的全称是网络接口卡(Network Interface Card，NIC)，用于计算机和传输介质的连接，从而实现信号传输，包括帧的发送与接收、帧的封装与拆封、介质访问控制、数据的编码与解码以及数据缓存等功能。网卡是计算机连接到局域网的必备设备，一般分为有线网卡和无线网卡 2 种。

3) 路由器

路由器(Router)是连接 Internet 中各局域网、广域网的设备，它会根据信道的情况自动选择和设定路由，以最佳路径按前后顺序发送信号。由此可见，选择最佳路径的策略是路由器的关键所在，在路由器中保存着各种传输路径的相关数据——路由表，供选择时使用。路由表可以是由系统管理员固定设置好的，也可以由系统动态修改；可以由路由器自动调整，也可以由主机控制。

4) 交换机

交换机(Switch)是一种用于电信号转发的网络设备。它可以为接入交换机的任意两个网络节点提供独享的电信号通路，支持端口之间的多个并发连接(类似于电路中的"并联"效应)，从而增加网络带宽，改善局域网的性能。交换机的主要功能包括物理编址、网络拓扑结构、错误校验、帧序列以及流控等。交换机分为以太网交换机、电话语音交换机和光纤交换机等。

2. 网络中的软件

与硬件相对的是软件，要在网络中实现资源共享以及一些需要的功能就必须得到软件的支持。网络软件一般是指网络操作系统、网络通信协议和提供网络服务功能的专用软件，下面分别进行讲解。

1) 网络操作系统

网络操作系统用于管理网络软件和硬件资源，常见的网络操作系统有 UNIX、Windows 和 Linux 等。

2) 网络通信协议

网络通信协议是网络中计算机交换信息时的约定，它规定了计算机在网络中互通信息的规则。互联网采用的协议是 TCP/IP。

3) 提供网络服务功能的专用软件

该类软件用于提供一些特定的网络服务功能，如文件的上传与下载服务、信息传输服务等。

项目 2　掌握 Internet 基础知识

任务 1　初识 Internet 与万维网

1. Internet

Internet 又称互联网，也称国际互联网，它是全球最大、连接能力最强、开放的，由遍布全世界的众多大大小小的网络相互连接而成的计算机网络。Internet 主要采用 TCP/IP，使网络上的各个计算机可以相互交换各种信息。目前，Internet 通过全球的信息资源和覆盖五大洲的 160 多个国家的数百万个网点，在网上提供数据、电话、广播、出版、软件分发、商业交易、视频会议以及视频节目点播等服务。Internet 在全球范围内提供了极为丰富的信息资源，一旦连接到 Web 节点，就意味着计算机已经进入 Internet。

Internet 将全球范围内的网站连接在一起，形成一个资源十分丰富的信息库。Internet 在人们的工作和生活中起着越来越重要的作用。Internet 提供的基本服务方式如下。

(1) 信息检索：WWW 的含义是环球信息网(World Wide Web)，简称万维网，是目前最受欢迎的一种 Internet 服务，它使得用户可以通过 Web 浏览器实现信息的浏览，是目前用户获取信息的最基本手段。

(2) 电子邮件：电子邮件也称 E-mail，是一种用户间利用电子手段进行邮件收发的通信方式。电子邮件作为快速、简便、可靠且成本低廉的现代通信手段，是 Internet 上使用最广泛的服务。

(3) FTP 文件传输服务：FTP 文件传输服务是指计算机网络上的主机在文件传输协议(File Transfer Protocol，FTP)的支持下进行文件的相互传送，是 Internet 上最重要的服务之一。

(4) 远程登录：远程登录是指在 Telnet 协议的支持下，使本地计算机暂时成为远程计算机访问终端的过程。在使用远程登录时，用户需要知道远程计算机的域名或 IP 地址、用户名及密码，登录成功后，就可使用远程计算机的资源及设备了。

2. 万维网

万维网(World Wide Web，WWW)又称环球信息网、环球网和全球浏览系统等。WWW 起源于位于瑞士日内瓦的欧洲粒子物理实验室，是一种基于超文本的、方便用户在 Internet 上搜索和浏览信息的信息服务系统。它通过超链接把世界各地不同 Internet 节点上的相关信息有机地组织在一起，用户只需发出检索请求，它就能自动地进行定位并找到相应的检索信息。用户可用 WWW 在 Internet 上浏览、传递和编辑超文本格式的文件。WWW 是 Internet

上最受欢迎、最为流行的信息检索工具，它能把各种类型的信息(文本、图像、声音和影像等)集成起来供用户查询。WWW 为全世界的人们提供了查找和共享知识的方式。

WWW 还具有连接 FTP 和 BBS(Bulletin Board Service，公告牌服务)等服务的能力。总之，WWW 的应用和发展已经远超出网络技术的范畴，影响着新闻、广告、娱乐、电子商务和信息服务等诸多领域。可以说，WWW 的出现是 Internet 应用的一个革命性的里程碑。它基于以下 3 个机制向用户提供资源。

(1) HTTP：HTTP(Hyper Text Transfer Protocol，超文本传输协议)是用于从 WWW 服务器传输超文本到本地浏览器的传输协议，是互联网上应用最为广泛的一种网络协议，所有的 WWW 文件都必须遵守这个标准。

(2) URL 地址：WWW 采用 URL(Uniform Resource Locator，统一资源定位符)来标识 Web 上的页面和资源，URL 是互联网上资源位置和访问方法的一种简洁表示，是互联网上标准资源的地址，具有唯一性。

(3) HTML：HTML(Hyper Text Markup Language，超文本标记语言)用于创建网页文档。HTML 文档是使用 HTML 标记和元素创建的，此类文件以扩展名 htm 或 html 保存在 Web 服务器上。

任务 2　了 解 TCP/IP

每个计真机网络都要制定一套全网共同遵守的网络协议，其中每个主机系统需要配置相应的协议软件，以确保网络中不同系统之间能够可靠、有效地相互通信和合作。TCP/IP 是 Internet 最基本的协议，也是 Internet 的基础。

TCP/IP 由网络层的 IP 和传输层的 TCP 组成，它定义了电子设备连入 Internet，以及数据在它们之间传输的标准。

TCP 即传输控制协议，位于传输层，负责向应用层提供面向连接的服务；确保网上发送的数据包可以被完整接收。如果发现传输有问题，则要求重新传输，直到所有数据安全正确地传输至目的地。IP 即网络协议，负责给 Internet 的每台联网设备规定一个地址，即常说的 IP 地址。同时，IP 还有另一个重要的功能，即路由选择功能，用于选择从网上一个节点到另一个节点的传输路径。TCP/IP 共分为应用层、传输层、网络层和主机至网络层 4 层，分别介绍如下。

(1) 应用层(Application Layer)：应用层包含所有的高层协议，用于处理特定的应用程序数据，为应用软件提供网络接口，包括文件传输协议、电子邮件传输协议(Simple Mail Transfer Protocol，SMTP)、域名服务(Domain Name Server，DNS)、网络新闻传输协议(Network News Transfer Protocol，NNTP)等。

(2) 传输层(Transport Layer)：传输层用于为两台联网设备之间提供端到端的通信，在这一层有传输控制协议(Transmission Control Protocol，TCP)和用户数据报协议(User Datagram Protocol，UDP)。其中，TCP 是面向连接的协议，提供可靠的报文传输和对上层应用的连接服务；UDP 是面向无连接的不可靠传输协议，主要用于不需要 TCP 的排序和流量控制等功能的应用程序。

(3) 网络层(Internet Layer)：网络层是整个体系结构的关键部分，用于确定数据包从端到端的路径选择方式。网络层使用网络协议(Internet Protocol，IP)、网际网控制报文协议(Internet Control Message Protocol，ICMP)。

(4) 主机至网络层(Host-to-Network Layer)：主机至网络层用于规定数据包从一个设备的网络层传输到另一个设备的网络层的方法。

任务 3　认识 IP 地址与域名系统

1. IP 地址

Internet 中分配给每台主机或网络设备的一个 32 位二进制数字标识称为 IP 地址。一个 IP 地址由 4 个字节(32 位)组成，中间使用符号"."隔开，称为"点分十进制表示法"。其中每个字节可用一个十进制数(0~255)表示，例如，192.168.1.11 就是一个 IP 地址。

IP 地址通常可分成两部分，第一部分是网络位，第二部分是主机位。根据网络规模和应用的不同，IP 地址分为 A、B、C、D 和 E 共 5 类，其中常用的是 A、B、C 三类。

(1) A 类 IP 地址：一个 A 类 IP 地址由 1 个字节(每个字节是 8 位)的网络地址和 3 个字节的主机地址组成，网络地址的最高位必须是"0"，即第一段数字范围为 0~127，常用于大型网络。

(2) B 类 IP 地址：一个 B 类 IP 地址由 2 个字节的网络地址和 2 个字节的主机地址组成，网络地址的最高位必须是"10"，即第一段数字范围为 128~191，常用于中型网络。

(3) C 类 IP 地址：一个 C 类 IP 地址由 3 个字节的网络地址和 1 个字节的主机地址组成，网络地址的最高位必须是"110"，即第一段数字范围为 192~223，常用于小型网络。

(4) D 类 IP 地址：D 类 IP 地址常用于多点播送。第一个字节以"1110"开始，即第一段数字范围为 224~239，是多点播送地址，用于多目的地信息的传输和作为备用地址。全"0"(0.0.0.0)地址对应于当前主机，全"1"的 IP 地址(255.255.255.255)是当前子网的广播地址。

(5) E 类 IP 地址：E 类 IP 地址的第一个字节以"1111"开始，即第一段数字范围为 240~254。E 类地址保留，仅用于实验和开发。

由于 IPv4 提供的网络地址资源有限，随着网络的迅速发展，IPv4 已不能满足用户的需要。因此，提出了用于替代现行版本 IP(IPv4)的下一代 IP，即 IPv6，其采用 128 位地址长度，不仅能解决网络地址资源数量的问题，而且也解决了多种接入设备连入互联网的障碍。

2. 子网掩码

子网掩码不能单独存在，必须结合 IP 地址一起使用。子网掩码只有一个作用，就是将某个 IP 地址划分成网络地址和主机地址两部分，其设定必须遵循一定的规则。与 IP 地址相同，子网掩码的长度也是 32 位，左边是网络位，用二进制数字"1"表示；右边是主机位，用二进制数字"0"表示。默认情况下，A、B、C 三类网络的子网掩码分别是 255.0.0.0、255.255.0.0 和 255.255.255.0。

3. 网关

网关是一个网络通向其他网络的 IP 地址。在没有路由器的情况下，两个网络之间是不能进行 TCP / IP 通信的，即使是两个网络连接在同一台交换机(或集线器)上，TCP / IP 也会根据子网掩码判定两个网络中的主机处在不同的网络里，而要实现这两个网络之间的通信，则必须通过网关。

如果网络 A 中的主机发现数据包的目的主机不在本地网络中，就把数据包转发给它自己的网关，再由网关转发给网络 B 的网关，网络 B 的网关再转发给网络 B 的某个主机。

现在主机使用的网关，一般指的是默认网关。默认网关的意思是一台主机如果找不到可用的网关，就把数据包发给默认网关，由这个网关来处理数据包。默认网关必须是计算机自己所在的网段中的 IP 地址，而不能填写其他网段中的 IP 地址。如 IP 地址为 10.41.14.100，则其默认网关常设置为 10.41.14.254。

4. 域名系统

由于数字形式的地址难以记忆，因此在实际使用时采用字符形式来表示 IP 地址，即域名系统(Domain Name System，DNS)，能够更方便地访问互联网。

域名系统由如下成分构成，它们之间用圆点"."隔开，并采用"主机名.三级域名.二级域名.顶级域名"的形式，以标识 Internet 中某一台计算机或计算机组的名称。

(1) 顶级域名：顶级域名采用国际上通用的标准代码，分为组织机构和地理模式两大类。机构域名包括表示商业机构的 com、表示网络提供商的 net、表示教育机构的 edu 等；地理域名使用 ISO 3166 中指定的国家或区域代码，例如 cn 代表中国，uk 代表英国，fr 代表法国。

(2) 二级域名：我国的二级域名又分为类别域名和行政区域名两类。类别域名共 6 个，例如，com 用于企业，edu 用于教育机构，gov 用于政府机构，mil 用于军事部门，net 用于互联网络及信息中心，org 用于非营利性组织等。行政区域名有 34 个，分别对应于我国各省、自治区和直辖市。例如，jlu.edu.cn 是一个域名地址，其中 jlu 代表吉林大学，edu 表示教育机构，cn 表示中国。

(3) 三级域名：三级域名用字母(A～Z 及 a～z 等)、数字(0～9)和连接符(-)组成，长度不得超过 20 个字符。

5. 域名解析

由于机器之间只认 IP 地址，因此要由专门的域名解析服务器 DNS 将域名地址转换为 IP 地址，这个过程称为域名解析。每台 DNS 服务器中保存着自身网络内部所有主机的域名和对应的 IP 地址。

任务4　接 入 Internet

用户的计算机连入 Internet 的方法有多种，一般都是通过联系 Internet 服务提供商，由 Internet 服务提供商派专人根据当前的情况实际查看连接后，进行 IP 地址分配及 DNS 设置等，从而实现联网。目前，总体说来，连入 Internet 的方法主要有 ADSL 拨号上网和光纤宽带上网两种，下面分别介绍。

(1) ADSL 拨号上网：非对称数字用户线路(Asymmetric Digital Subscriber Line，ADSL) 可直接利用现有的电话线路，通过 ADSL Modem(ADSL 调制解调器)进行数字信息传输，ADSL 连接理论速率可达到 1～8 Mb/s。它具有速率稳定、独享带宽、语音数据不干扰等优点，适用于家庭、个人等用户的大多数网络应用需求。它可以与普通电话线共享一条通信链路，接听、拨打电话的同时能进行 ADSL 传输，而又互不影响。

(2) 光纤宽带上网：光纤是目前宽带网络中多种传输媒介中最理想的一种，具有传输容量大、传输质量好、损耗小及中继距离长等优点。现在光纤连入 Internet 的方法一般有两种：一种是通过光纤接入小区节点或楼道，再由网线连接到各个共享点上；另一种是光纤到户，将光缆直接扩展到每一台计算机终端上。

项目 3　使用网络资源

任务 1　使用 Internet Explorer 浏览器

Internet Explorer 是微软公司推出的一款网页浏览器，原称 Microsoft Internet Explorer(6 版本以前)和 Windows Internet Explorer(7、8、9、10、11 版本)，简称 IE。在 IE 7 以前，中文直译为"网络探路者"，但在 IE 7 以后，官方便直接将其命名为"IE 浏览器"。

2015 年 3 月，微软确认将放弃 IE 品牌。2016 年 1 月 12 日，微软公司宣布停止对 IE 8、9、10 共 3 个版本的技术支持，用户将不会再收到任何来自微软官方的 IE 安全更新，作为替代方案，微软建议用户升级到 IE 11 或者改用 Microsoft Edge 浏览器。

1. 启动浏览器

启动浏览器的常见方法有以下 3 种：

(1) 双击 Windows 桌面上的 IE 图标，启动 IE 浏览器。

(2) 单击"开始"菜单中的"Internet Explorer"选项，启动 IE 浏览器。

(3) 在"快速启动栏"中单击 IE 图标，启动 IE 浏览器。

2. 使用 IE 浏览器浏览 Web 网页

打开浏览器，在地址栏中输入需要访问的网址后，在键盘上按<Enter>键或是单击地址栏后面的"转到"按钮就可以进入网站页面。

3. 将网页添加到收藏夹

在上网的时候，用户可以将自己喜欢、常访问的网站收藏到收藏夹中，以便下次想访问的时候可以快速地打开。

将网页添加到收藏夹的方法如下：

(1) 在地址栏中输入网址，按<Enter>键进入主页。

(2) 单击 IE 浏览器中的"收藏夹"菜单，选择"添加到收藏夹"命令。

(3) 弹出收藏设置提示窗口，设置收藏网页的名称。单击"创建到"按钮，设置书签所在的分类目录，单击"确定"按钮。

4. 设置主页

浏览器的发展越来越快，每一个浏览器在下载之后，都是以自己主打的首页为默认主页，同时在下载某些软件时，经常会捆绑浏览器一起下载，并自动篡改了用户的主页设置。

设置用户自定义主页的操作如下。

(1) 打开 IE 浏览器，选择工具栏上方的"工具"→"Internet 选项"。

(2) 打开"Internet 选项"对话框，选择"常规"选项卡，在"主页"栏中输入需要设为首页的地址，单击"应用"按钮即可。

如果打开的网页就是需要设为的主页，则可以打开"Internet 选项"对话框，单击"使用当前页面"按钮，再单击"应用"按钮。

在 IE 浏览器的工具栏中还有许多非常实用的按钮，具体如下。

"上一页"及"下一页"按钮："上一页"按钮用于返回到前一显示页面；"下一页"按钮则用于转到下一显示页面。

"打开起始页面"按钮：用于返回默认的起始页面。

"停止"按钮：终止浏览器对某一链接的访问或是对某一页面的加载。

任务 2　使用搜索引擎

1. 使用 IE 浏览器的搜索功能

在搜索框中输入查找关键字，例如"RANK 函数用法"，然后单击"搜索"按钮，搜索到的相关网址就会显示在工作窗口中，单击其中的超链接，即可打开相应的网页。

2. 使用搜索引擎

搜索引擎是一个提供信息检索服务的网站，它使用某些软件程序把 Internet 上的信息进行归类或者人为地将某些数据归入某个类别中，形成一个可供查询的大型数据库。常见的搜索引擎有百度、新浪搜索和搜狗搜索。

其中，百度是目前全球最大的中文搜索引擎，也是重要的中文信息检索与传递技术供应商，中国所有具备搜索功能的网站中，由百度提供搜索引擎技术的超过 80%。

任务 3　使用电子邮件

电子邮件(Electric Mail，E-mail)又称电子邮箱、电子邮政。它是一种用电子手段提供信息交换的通信方式，是互联网应用最广的服务。电子邮件地址的格式由 3 部分组成：用户名 + @ + 域名。第一部分"用户名"代表用户信箱的账号，对于同一个邮件接收服务器来说，这个账号必须是唯一的；第二部分"@"是分隔符；第三部分是用户信箱的邮件接收服务器域名，用以标志其所在的位置。

1. 申请电子邮件

在使用电子邮件之前，需要先申请一个电子邮箱账号。提供电子邮件服务的网站有很多，有付费的，也有免费的。常见的免费电子邮箱有 QQ 邮箱、126 邮箱、163 邮箱等。

打开一个电子邮件服务网站，单击页面中的"去注册"按钮进行账号注册。在注册页面按照要求填写相应信息，并提交账号申请。

2. 使用电子邮件

根据自己申请的邮箱服务商，打开其网站邮箱登录页面，在页面内输入申请成功的账号及密码，单击"登录"按钮，进入电子邮箱主界面。

收信：用于查看电子邮箱中接收到的电子邮件，查看电子邮件的内容，以及回复接收到的电子邮件。

写信：用于新建电子邮件，编辑新的电子邮件并发送给对方。

收件箱：存放接收到的邮件，可以随时查看已接收的邮件。

草稿箱：存放未编辑完成的电子邮件。

已发送：存放已经发送出去的电子邮件。

模块 7

计算机维护

项目 1   维护计算机硬件与系统

所谓硬件维护，是指在硬件方面对计算机进行的维护，它包括计算机工作环境和各种器件的日常维护。

任务 1   维护计算机工作环境

计算机常见故障中有一部分是由于温度、湿度、灰尘、电源等原因引起的。

1. 温度

计算机工作环境一般在 20～25℃，温度过高会使计算机工作时产生的热量不能及时散发，从而缩短计算机的寿命或者烧毁计算机的器件。

2. 湿度

计算机工作的湿度不能太大，要保持良好的通风，否则计算机内部的线路很容易腐蚀，使板卡老化。

3. 灰尘

计算机的各种器件都非常精密，如果灰尘太多，就有可能造成计算机接口堵塞，使计算机不能正常工作。最好定期清理计算机机箱内部的灰尘，建议一个月为一个清理周期。

4. 电源

稳定的电源是计算机正常工作的前提。如果突然停电，就会造成数据丢失；电压经常波动，就会造成器件的烧毁。建议在电压不稳定的地方配备一个稳压器，以保证计算机稳定正常地工作。

任务 2   维护计算机机箱

计算机机箱通常要平稳地放在一个通风的位置，保留必要的工作空间。在计算机不用的情况下最好能盖上防尘罩，防止灰尘对计算机的影响。

任务 3 维护计算机器件

计算机主板的日常维护应该做到防尘和防潮。CPU、主板、内存条、磁盘、显示器、光驱和键盘、鼠标等都是用户维护的重点。

1. CPU 的维护

CPU 是计算机的一个发热较大的器件，如果 CPU 不能很好地散热，就会导致系统运行不正常、机器重启、死机等，所以应为 CPU 选择一个好的风扇。

2. 主板的维护

在使用的过程中，坚决避免热插拔，以免烧毁主板。

3. 内存条的维护

对于内存条来说，需要注意的是在升级内存条的时候，尽量选择与以前品牌、外频一样的内存条来和以前的内存条来搭配使用，这样可以避免系统运行不正常等故障发生。

4. 磁盘的维护

现在的磁盘转速很高，在硬盘进行读写操作时，硬盘处于高速旋转状态，如遇突然断电，会使磁头与盘片之间发生猛烈摩擦而损坏硬盘。在关机的时候一定要注意机箱面板上的硬盘指示灯是否还在闪烁，如果硬盘指示灯闪烁不止，则说明硬盘的读写操作还没有完成，此时不宜马上关闭电源，只有在硬盘指示灯停止闪烁，硬盘完成读写操作后，才可关机。

5. 显示器的维护

显示器的屏幕常常会受到各种灰尘或者杂质的影响，这不仅会在很大程度上降低其显示效果，而且对用户的视力也有很大的影响。除尘时不能使用酒精，最好使用专业的工具。

6. 光驱的维护

计算机的光驱易出问题，应使用正版光盘。若光盘质量低劣，盘上光道有偏差，光驱读盘时频繁纠错，则激光头控制元件容易老化，从而加速光驱内部的机械磨损。如果长时间地使用盗版光盘，不但光驱纠错能力会大大下降，影响正常使用，还会降低光驱的使用寿命。

7. 键盘和鼠标的维护

鼠标要避免摔碰和强力拉拽，而键盘要注意清洁，因为过多的灰尘会给电路正常工作带来困难，有时造成误操作，杂质落入键位的缝隙中会卡住按键，甚至造成短路。在清洁键盘时，可用柔软干净的湿布来擦拭，按键缝隙间的污渍可用棉签清洁，不要用医用消毒酒精，以免对塑料部件产生不良影响。清洁键盘时一定要在关机状态下进行，湿布不宜过湿，以免键盘内部进水造成短路。

任务 4 维护操作系统

操作系统是计算机系统的核心，它是计算机系统中负责支撑应用程序运行环境以及用户操作的系统软件，它需要对硬件进行直接监管，对各种计算机资源(如内存、处理器等)进行实时的管理，还需要提供诸如作业管理之类的面向应用程序的服务等。随着技术的进步，现在可以在 Windows 系统下进行备份和还原，用户可以自动创建备份和还原点，这个备份和还原点代表这个时间点系统的状态，这个状态包括操作系统本身的状态和安装的应用软件的状态。如果由于操作不当而导致系统出现问题，则可以通过系统还原将系统还原到过去的正常状态。

任务5　备 份 数 据

备份数据对于使用计算机的人来说非常重要，因为用户不希望自己辛辛苦苦完成的成果几秒钟就消失得无影无踪，而造成不可挽回的损失。备份数据时要做到两方面：安全保存和有效备份。

1. 安全保存

安全保存是要将文件存放到不容易被破坏的位置。现在基本上用户每天都在上网，而互联网病毒又无孔不入，如果我们不做安全保存，计算机不幸感染了病毒，其后果是不可想象的。因此，安全保存对数据备份起着关键性的作用。用户可以将重要的数据放在一个单独的存储设备里，比如一个 U 盘，这样就能避免很多意想不到的损失。

2. 有效备份

用户几乎每天都会备份数据。比如，用户可以将备份的数据放在 U 盘、光盘、移动硬盘等。如果用户辛苦备份的数据不能使用，那就是做无用功。比如，用户将数据做了光盘备份，当用户使用光盘的时候发现数据感染了计算机病毒，那么备份的数据就不是有效的。因此，有效备份数据是至关重要的。一方面，用户必须在数据备份之前做好查毒的工作；另一方面，用户在备份数据之后要做好查看的工作。

任务6　安装防病毒软件

现在计算机很容易感染病毒，用户为了保证计算机系统的稳定运行和重要文件的不丢失，必须在自己的计算机上安装防病毒软件。现在国产的防病毒软件基本都能实现查杀病毒的功能，而且有很多免费的网络杀毒软件，用户可以通过网络实时升级病毒库，以便最大限度地保护计算机。

任务7　定期进行磁盘碎片整理

用户的计算机随着使用的频繁程度，会出现不同程度的磁盘碎片，这样会导致计算机系统运行速度变慢。因此，定期对计算机进行磁盘碎片整理是非常必要的。用户使用系统自带的"磁盘碎片整理程序"就可以完成磁盘碎片的整理工作。

任务 8　清理垃圾文件

在日常生活中，用户会使用计算机上网、工作、游戏等，而所有这些操作都会产生垃圾文件，如上网浏览的网页的文件，工作时产生的临时文件，删除游戏时留下的用户文件，系统自身日常产生的冗余文件等。用户可以使用相关的软件来清理垃圾文件，如火绒安全软件等。

综上所述，计算机的日常维护包括软件和硬件的维护两个方面。对于所有的计算机使用者来说，让计算机始终工作在最稳定的状态，是他们的共同选择，不怕机器配置不好，就怕使用和维护不当。在计算机的日常使用中多注意计算机软硬件的维护，不但可以尽量地延长计算机的使用寿命，还能让计算机工作在一个最佳状态，为用户正常的工作学习提供更好的服务。

项目 2　防治计算机病毒

任务 1　了解计算机病毒的定义

计算机病毒在《中华人民共和国计算机信息系统安全保护条例》中被明确定义为："计算机病毒是指编制或者在计算机程序中插入的破坏计算机功能或者破坏数据，影响计算机使用并且能够自我复制的一组计算机指令或者程序代码"。计算机病毒具有可执行性、传染性、破坏性、潜伏性、可触发性、攻击的主动性、针对性、隐蔽性等特性，它能影响计算机软件、硬件的正常运行，破坏数据的正确性与完整性。

任务 2　认识计算机病毒的破坏性

不同病毒有不同的破坏行为，其中有代表性的行为如下。

攻击系统数据区：攻击计算机硬盘的主引导扇区、boot 扇区、fat 表。

攻击文件：删除文件、修改文件名称、替换文件内容、删除部分程序代码。

攻击内存：占用大量内存、改变内存总量、禁止分配内存。

干扰系统运行：干扰指令的运行、内部栈溢出、占用特殊数据区、时钟倒转、自动重新启动计算机、死机。

速度下降：迫使计算机空转，计算机速度明显下降。

更改 cmos 区数据：破坏系统 cmos 中的数据。

扰乱屏幕显示：字符显示错乱、光标下跌、滚屏、抖动、吃字。

攻击磁盘：攻击磁盘数据、不写盘、写操作变读操作。

任务3　熟悉常见计算机病毒的防范措施

防范是对付计算机病毒的积极而又有效的措施，比等待计算机病毒出现之后再去扫描和清除更有效地保护计算机系统。为了将病毒拒之门外，要做好防范措施。

1. 新购置计算机的病毒防范

新购置的计算机是有可能携带计算机病毒的，可以对新购置计算机的硬盘进行检测或进行低级格式化来确保没有计算机病毒存在。对硬盘只在 DOS 下做 format 格式化是不能去除主引导扇区(分区表)计算机病毒的。

2. 引导型计算机病毒防范

引导型病毒一般不感染磁盘文件，主要是感染磁盘的引导扇区。如果用受感染的磁盘启动计算机，引导型病毒就会取得系统控制权，驻留内存之后再引导系统，并伺机传染其他软盘或硬盘的引导扇区。

通常采用以下方法来防范引导型计算机病毒。

(1) 坚持从不带计算机病毒的硬盘引导系统。

(2) 安装能够实时监控引导扇区的防杀计算机病毒软件，或经常用能够查杀引导型计算机病毒的防杀计算机病毒软件进行检查。

(3) 经常备份系统引导扇区。

(4) 某些底板上提供引导扇区计算机病毒保护功能，启用它对系统引导扇区也有一定的保护作用。

(5) 使用防杀计算机病毒软件加以清除，或者在"干净的"系统启动软盘引导下，用备份的引导扇区覆盖。

3. 文件型计算机病毒防范

文件型病毒一般只传染磁盘上的可执行文件。当用户调用感染病毒的可执行文件时，病毒被运行，然后病毒驻留内存，并伺机传染其他文件或直接传染其他文件。

一般采用以下方法来防范文件型计算机病毒。

(1) 安装最新版本的、有实时监控文件系统功能的防杀计算机病毒软件。

(2) 及时更新查杀计算机病毒引擎，在有计算机病毒突发事件的时候及时更新。

(3) 经常使用防杀计算机病毒软件对系统进行计算机病毒检查。

4. 宏病毒防范

宏病毒是一种特殊的文件型病毒，它主要是使用某个应用程序自带的宏编程语言编写的病毒，如感染 Word 系统的 Word 宏病毒、感染 Excel 系统的 Excel 宏病毒和感染 lotusamipro 的宏病毒等。一般采用以下方法识别宏病毒。首先在使用的 Word"工具"菜单中看不到"宏"这个字，或能看到"宏"字但光标移到"宏"时，单击无反应，这种情况肯定有宏病毒。再打开一个文档，不进行任何操作，退出 Word，如提示存盘，这极可能是 Word 的 normal.dot 模板中带有宏病毒。感染了宏病毒后，也可以采取对付文件型计算机病毒的方法，用防杀计算机病毒软件查杀。

5. 计算机被病毒感染后采取的处理措施

计算机一旦感染病毒，采取恰当的措施可以杀除大多数的计算机病毒，恢复被计算机病毒破坏的系统。修复前，要先备份重要的数据文件，启动防杀计算机病毒软件，并对整个硬盘进行扫描。某些计算机病毒在 Windows 状态下无法被完全清除，此时应使用事先准备的未感染计算机病毒的 DOS 系统软盘启动系统。然后在 DOS 下运行相关杀毒软件进行清除。发现计算机病毒后，一般应利用防杀计算机病毒软件清除文件中的计算机病毒。如果可执行文件中的计算机病毒不能被清除，则一般应将其删除，然后重新安装相应的应用程序。杀毒完成后，重启计算机，再次用防杀计算机病毒软件检查系统中是否还存在计算机病毒，并确定被感染破坏的数据确实被完全恢复；如果受破坏的大多是系统文件和应用程序文件，并且感染程度较深，那么可以采取重装系统的办法来达到清除计算机病毒的目的。而如果感染的是关键数据文件，或感染病毒比较严重的时候，比如硬件被 CIH 计算机病毒破坏，就可以考虑请防杀计算机病毒专家来进行清除和数据恢复工作。

参 考 文 献

[1]　李浩峰，刘艳. 大学计算机基础[M]. 重庆：重庆大学出版社，2019.

[2]　樊月辉. 计算机应用基础项目化教程(Windows 10 + Office 2016)[M]. 西安：西安电子科技大学出版社，2021.

[3]　李霞，赵满旭. 大学计算机信息素养实践教程[M]. 西安：西安电子科技大学出版社，2022.

[4]　张敏华，史小英. 计算机应用基础(Windows 7 + Office 2016)[M]. 北京：人民邮电出版社，2022.

[5]　李繁，陈谊. 计算机应用基础(Windows 7 + Office 2010)[M]. 北京：电子工业出版社，2015.

[6]　眭碧霞. 计算机应用基础任务化教程：Windows 7 + Office 2010[M]. 北京：高等教育出版社，2015.

[7]　李刚. 计算机应用基础：数字教材版[M]. 北京：中国人民大学出版社，2018.

[8]　刘志敏. 计算机应用基础教材[M]. 北京：清华大学出版社，2015.

[9]　赵万龙. 大学计算机应用基础[M]. 2 版. 北京：清华大学出版社，2018.

[10]　贾如春，李代席，袁红团. 计算机应用基础项目实用教程(Windows 10 + Office 2016)[M]. 北京：清华大学出版社，2018.